눈이 트이는 수학 센스

묻고 뒤집고 들여다보며 즐기는
수와 도형의 세계

하나키 료 지음 | 김소영 옮김

시그마북스
Sigma Books

눈이 트이는 수학 센스

발행일 2026년 3월 6일 초판 1쇄 발행
지은이 하나키 료
옮긴이 김소영
발행인 강학경
발행처 시그마북스
마케팅 정제용
에디터 양수진, 최연정, 최윤정
디자인 정민애, 강경희, 김문배

등록번호 제10-965호
주소 서울특별시 영등포구 양평로 22길 21 선유도코오롱디지털타워 A402호
전자우편 sigmabooks@spress.co.kr
홈페이지 http://www.sigmabooks.co.kr
전화 (02) 2062-5288~9
팩시밀리 (02) 323-4197
ISBN 979-11-6862-461-0 (03410)

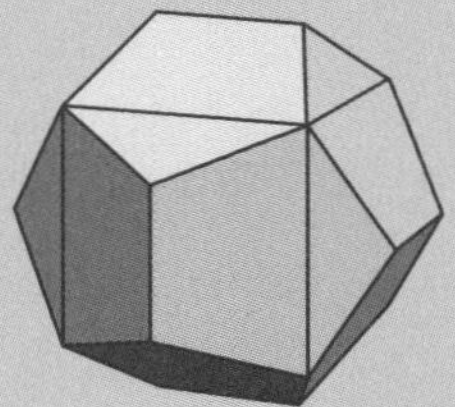

‘수학 센스’란 과연 무엇일까요?

계산을 빠르게 척척 해내는 감각일까요? 신속하고 정확하게 계산하는 능력은 분명 훌륭한 자산입니다. 실제로 효율적인 암산법을 소개한 책들이 여러 차례 베스트셀러가 된 역사가 그 사실을 증명하지요. 많은 사람이 숫자 하면 계산을 동시에 떠올리는 것도 분명한 사실입니다.

실제로 수학 문제를 풀 때, 특히 정확하고 빠르게 풀기 위해서는 계산 능력을 충분히 익히는 것이 중요합니다.

하지만 수학 센스란 결코 계산을 잘한다고 길러지는 것이 아닙니다. 실제로 수학 전문가 중에는 계산이 느린 사람이 적지 않고, 아주 간단한 사칙연산을 실수하기도 합니다.

굳이 비유하자면, ‘수학 센스’는 축구를 잘하는 능력이고, ‘계산력’은 공을 떨어뜨리지 않고 계속 차는 리프팅 실력이라고나 할까요? 제아무리 뛰어난 발재간으로 오랫동안 리프팅을 할 수 있더라도, 그것만으로는 창의력 넘치는 플레이를 할 수 없다는 사실을 쉽게 이해할 수 있을 것입니다.

‘수학 센스＝계산력’이라는 오해는, 수학을 단순히 ‘문제를 푸는 학문’이라고 여기는 선입견에서 비롯된 듯합니다. 그러나 수학은 결코 ‘주어진 문제만을 푸는 학문’이 아닙니다.

‘수’, ‘도형’, ‘입체도형’과 같은 수학의 대상이 어떻게 성립하고 작용하는지를 탐구하고, 그 배후에 숨은 법칙과 정리를 깊이 이해하며, 더 나아가 새로운 현상(문제나 정리)을 발견해나가는 것. 이것이야말로 수학의 본질입니다.

즉, 수학적 센스란 수학을 즐기며 질문을 던지고 탐구하면서 ‘수’와 ‘도형’의 세계를 더 깊이 이해하기 위한 길을 스스로 찾아가는 능력입니다. 여기서는 그러한 능력을 ‘수학하는 힘’이라 부르겠습니다.

'수학하는 힘이 호락호락하게 얻어질까?'

수학을 어려워하는 사람일수록 그렇게 생각할 수 있습니다. 다소 의외일지 모르지만, '수학하는 힘'이나 '수학 센스'의 기초는 누구나 의무 교육 과정에서 배우는 중학교 수학 속에 이미 가득 들어 있습니다. 이 책의 제목에 '중학 수학으로 연마하는'이라는 말을 넣은 것도 바로 그 이유 때문입니다(이 책의 원서 제목은 『중학 수학으로 연마하는 수학 센스』이다-옮긴이).

알기 쉬운 예를 소개하지요. 다음 그림은 중학교 3학년 때 배우는 '피타고라스의 정리'를 나타낸 그림입니다.

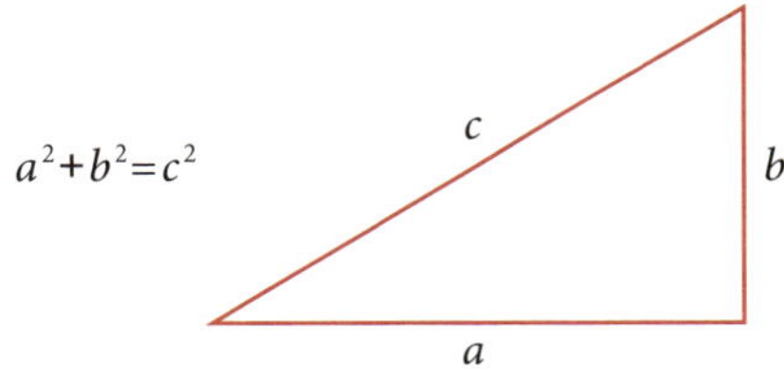

피타고라스의 정리란 '직각삼각형의 빗변의 길이의 제곱은 나머지 두 변의 길이의 제곱의 합과 같다'는 수학 공식인데, 이 사실만 이해하고 끝낸다면 "너무 아깝다!"라는 말이 절로 나올 수밖에 없습니다.

기하학적 법칙으로 배우는 이 정리에는 또 하나, 중요한 수의 성질을 나타내는 측면이 있습니다. 바로 '제곱한 두 수의 합이 또 다른 수를 제곱한 수가 되었다'라는 것입니다. 그 점에 주목하게 되면 제곱수에 어떤 특징이 있는지 의문이 생깁니다.

'그럼 세제곱수나 네제곱수는 어떨까?'

이런 식으로 의문은 꼬리에 꼬리를 물고 새로운 의문을 발견하게 됩니다.

또한 분수를 소수로 바꾸어 나타내고 소수점 이하에 이어지는 숫자들을 도형으로 표현해보면, 거기서 놀라운 '대칭성'이 드러나는 경우가 있습니다. 왜 이런 현상이 나타나는 걸까요?

이런 예에서 알 수 있듯, '수를 도형으로 인식하고 도형을 수로 인식하는 것'은 수학의 이해를 깊게 만드는 중요한 단계입니다. 그러나 아쉽게도 학교 수업에서는 이런 관점에서 배울 기회가 많지 않습니다. 그래서 정리를 정리로만 외우는 수준에서 멈추고 마는데, 그렇게 해서는 너무나 아깝습니다. '수학 센스'를 연마할 기회를 놓치고 있는 셈이거든요.

이 책에서는 그렇게 놓쳐버린 '소중한 틈'을 메우기 위해, 중학교 때 배운 수학 지식을 100% 활용해 수학을 즐기면서 '수학 센스'를 기르는 공부법을 소개하려 합니다.

중간중간 고등학교 이후에 배우는 발전적인 주제까지도 다루지만, 그러한 높은 수준의 수학이 '스스로 의문을 품고 깊이 탐구해가는 과정'의 자연스러운 연장선에 있다는 점을 이해할 수 있으리라 믿습니다.

이 책은 이제 막 수학을 배우는 세대는 물론 다시 배우고 싶은 분들에게도 학교에서 배우지 않았던 새로운 시각을 가득 담은 '새로운 시대의 공부법'이라 자부합니다. 또한 자녀를 이과에 강한 아이로 기르고 싶은 학부모님들도 좋은 힌트를 얻을 수 있도록 심혈을 기울였으니, 부디 끝까지 즐겁게 읽어주시길 바랍니다.

차례

머리말 006

'수'에 대한 센스 연마하기

제1장 구구단을 탐구하며 수학 센스 연마하기

1.1	구구단 표 속에 숨어 있는 '대칭성'을 찾아라	017
1.2	구구단 표의 '단'에는 어떤 관계가 숨어 있을까?	018
1.3	'일의 자리의 규칙성'을 찾아라	019
1.4	구구단에 나오는 수	021
1.5	구구단에 나오는 숫자의 합 생각하기	024
1.6	구구단의 수를 모두 더하면?	026
1.7	구구단의 수를 부분적으로 더하기	028

제2장 소수를 탐구하며 수학 센스 연마하기 〈1〉

2.1	소수란	032
2.2	'소수표'를 만들자	035
2.3	나열을 바꿔서 소수 다시 바라보기	043
2.4	디리클레 정리	050
2.5	1300 이하의 소수	051

제3장 소수를 탐구하며 수학 센스 연마하기 〈2〉

3.1 쌍둥이 소수 ·········· 056
3.2 회문 소수와 수소 ·········· 058
3.3 레퓨닛 수 ·········· 059
3.4 순수 소수 ·········· 061
3.5 친근한 달력에서 소수 찾기 ·········· 062

제4장 제곱수를 탐구하며 수학 센스 연마하기

4.1 '수의 배열' 탐구하기 ·········· 067
4.2 '끝자리 수'가 변하지 않는 수는? ·········· 070
4.3 수를 나눠 더해보기 ·········· 074

제5장 3, 4, 5제곱수를 탐구하며 수학 센스 연마하기

5.1 세제곱수 ·········· 077
5.2 네제곱수 ·········· 082
5.3 다섯제곱수 ·········· 085

제2부

'수'를 '도형'으로 파악하는
센스 연마하기

제6장 '피타고라스 정리'를 탐구하며 수학 센스 연마하기
- '거듭제곱수의 합'에서 나타나는 수의 세계

6.1 피타고라스 정리와 피타고라스 수 ⋯⋯⋯⋯⋯⋯⋯⋯⋯⋯ 093

6.2 피타고라스 수의 '도형적' 의미 ⋯⋯⋯⋯⋯⋯⋯⋯⋯ 095

6.3 페르마의 마지막 정리 ⋯⋯⋯⋯⋯⋯⋯⋯⋯⋯⋯⋯ 097

6.4 제곱수의 합 ⋯⋯⋯⋯⋯⋯⋯⋯⋯⋯⋯⋯⋯⋯⋯ 098

6.5 세제곱수의 합 ⋯⋯⋯⋯⋯⋯⋯⋯⋯⋯⋯⋯⋯⋯ 105

6.6 네제곱수의 합 - 오일러의 추론 ⋯⋯⋯⋯⋯⋯⋯⋯ 107

6.7 거듭제곱수에 관한 미해결 문제 ⋯⋯⋯⋯⋯⋯⋯⋯ 108

제7장 분수를 소수로 나타내며 수학 센스 연마하기
- 그리고 '도형'으로 나타내보면⋯⋯?

7.1 불규칙적으로 끝없이 이어지는 소수는 왜 나타나지 않을까? ⋯⋯ 114

7.2 손 계산을 통해 탐구하기 ⋯⋯⋯⋯⋯⋯⋯⋯⋯⋯ 115

7.3 순환마디를 그림으로 나타내면⋯⋯? ⋯⋯⋯⋯⋯⋯ 116

7.4 유한소수로 나타내는 분수 ································· 118

7.5 약분된 분수의 순환마디 특징은? ····················· 121

7.6 '바로 순환하는 분수'와 '바로 순환하지 않는 분수' ········· 122

7.7 순환마디의 길이 ································· 132

7.8 거듭제곱수의 순환마디 길이 ······················· 136

7.9 '나머지의 열' 시각화하기 ························· 137

7.10 분수를 도식화하기 ····························· 140

제8장 수를 자유자재로 다루며 수학 센스 연마하기
-'회오리형'인가, '나무형'인가

8.1 더하는 과정 반복하기 ··························· 146

8.2 세 자릿수에서는 어떻게 될까? ····················· 147

8.3 빼는 과정 반복하기 ···························· 149

8.4 세 자릿수 뒤집어 빼기 ·························· 150

8.5 세 자릿수의 각 숫자 서로 바꾸기 ·················· 151

8.6 네 자릿수의 각 숫자를 서로 바꾸면……? ············· 153

8.7 콜라츠 추측이란? ····························· 159

8.8 콜라츠 추측 탐구하기 ·························· 160

제3부

'도형'에 대한 센스 연마하기

제9장 정다면체를 탐구하며 수학 센스 연마하기

9.1 정다면체란? ········ 167

9.2 정다면체는 오직 다섯 종류 ········ 168

9.3 첫 번째 조건에서 '정다각형' 제외하기 ········ 169

9.4 두 번째 조건 '모든 꼭짓점에는 같은 수의 면이 모여 있다' 제외하기 ···· 171

9.5 세 번째 조건 '오목한 부분이 없다' 제외하기 ········ 173

9.6 정다면체의 '쌍대'란? ········ 173

9.7 정다면체의 전개도 ········ 175

9.8 정다면체 속의 정다면체 ········ 177

9.9 아르키메데스의 입체도형 ········ 178

9.10 존슨 입체도형 ········ 186

제10장 다면체를 탐구하며 수학 센스 연마하기

10.1 볼록 다면체의 개수 ········ 190

10.2 오일러의 다면체 공식 ········ 194

10.3 다면체 면의 내각 총합 ········ 196

10.4 다면체 꼭짓점의 부족도 합 — 198

10.5 '다면체의 전개도'에 관한 미해결 문제 — 202

10.6 '면의 내부'를 잘라내는 전개도 — 204

10.7 '정육면체의 면'을 잘라내는 전개도 — 206

10.8 '두 직육면체를 만들어내는 면'을 잘라내는 전개도 — 207

10.9 우리 주변의 다면체 — 208

제11장 '평면 채우기 문제'로 수학 센스 연마하기

11.1 삼각형으로 채우기 — 220

11.2 사각형으로 채우기 — 222

11.3 '정다각형 한 종류'로 채우기 — 225

11.4 여러 종류의 정다각형으로 채우기 — 227

11.5 오목다각형으로 채우기 — 231

11.6 오각형으로 채우기 — 232

11.7 주기성이 없는 평면 채우기 — 241

COLUMN

▶ 엑셀 프로그램으로 '순환마디의 길이' 구하기 243

▶ 엑셀 프로그램으로 '카프리카 조작' 실행하기 245

▶ 엑셀 프로그램으로 '콜라츠 추측' 탐구하기 247

참고 문헌 249

맺음말 251

찾아보기 254

제 1 부

'수'에 대한 센스 연마하기

1	2	3	4	5	6	7	8	9
2	4	6	8	10	12	14	16	18
3	6	9	12	15	18	21	24	27
4	8	12	16	20	24	28	32	36
5	10	15	20	25	30	35	40	45
6	12	18	24	30	36	42	48	54
7	14	21	28	35	42	49	56	63
8	16	24	32	40	48	56	64	72
9	18	27	36	45	54	63	72	81

구구단을 탐구하며
수학 센스 연마하기

'숫자 감각'을 키우기 위한 첫걸음으로, 가장 기본이 되는 '구구단'을 먼저 탐구해보자.

1	2	3	4	5	6	7	8	9
2	4	6	8	10	12	14	16	18
3	6	9	12	15	18	21	24	27
4	8	12	16	20	24	28	32	36
5	10	15	20	25	30	35	40	45
6	12	18	24	30	36	42	48	54
7	14	21	28	35	42	49	56	63
8	16	24	32	40	48	56	64	72
9	18	27	36	45	54	63	72	81

이 장에서는 다음 3가지 포인트를 기억하자.

- ✓ 구구단 표 속에 숨어 있는 '대칭성'을 찾아보자.
- ✓ 구구단 숫자들의 '규칙성'을 찾아보자.
- ✓ 구구단 숫자들의 '총합'과 '부분 합'을 구해보자.

 구구단 표 속에 숨어 있는 '대칭성'을 찾아라

구구단 표를 왼쪽 위에서 시작해 오른쪽 아래까지 대각선을 그려 쭉 이어 보자. 그러면 숫자들이 선대칭으로 나열되어 있는 모습이 보일 것이다.

선대칭을 이루는 이유는 곱셈의 교환법칙, 즉 $\bigcirc \times \square = \square \times \bigcirc$이 성립하기 때문이다.

이번에는 구구단 표에 나온 숫자들의 '일의 자리'에만 집중해서 보자. 그러면 오른쪽 위에서 왼쪽 아래로 나열된 숫자들 역시 선대칭임을 확인할 수 있다.

1	2	3	4	5	6	7	8	9
2	4	6	8	10	12	14	16	18
3	6	9	12	15	18	21	24	27
4	8	12	16	20	24	28	32	36
5	10	15	20	25	30	35	40	45
6	12	18	24	30	36	42	48	54
7	14	21	28	35	42	49	56	63
8	16	24	32	40	48	56	64	72
9	18	27	36	45	54	63	72	81

$3 \times 4 = 12$와 $6 \times 7 = 42$는 둘 다 일의 자리가 2이고, $7 \times 2 = 14$와 $8 \times 3 = 24$는 둘 다 일의 자리가 4이다. 이렇게 모든 숫자가 서로 대응한다는 사실을 확인할 수 있다.

이 사실을 바탕으로, $a \times b$와 $(10 - b) \times (10 - a)$의 일의 자리가 같을 경우

에는 수식으로 정리할 수 있다는 사실을 명심하자. 후자를 계산해보면 이렇다.

$$(10-b) \times (10-a) = 100 - 10(a+b) + ab$$

여기서 $100-10(a+b)$는 일의 자리에 영향을 주지 않는다. 따라서 ab가 일의 자리를 결정한다는 사실을 알 수 있다.

⚠ **구구단 표뿐만 아니라 다양한 수표에 나타나는 여러 직선들을 통해 대칭성을 찾아보는 것이 숫자 감각을 기르는 첫걸음이 된다는 사실을 기억하자.**

1.2　구구단 표의 '단'에는 어떤 관계가 숨어 있을까?

이번에는 구구단 표의 각 단들이 서로 어떤 관계에 있는지 주목해보자.

예를 들어 3단과 4단을 더하면 7단을 만들 수 있다.

3	6	9	12	15	18	21	24	27
+	+	+	+	+	+	+	+	+
4	8	12	16	20	24	28	32	36
‖	‖	‖	‖	‖	‖	‖	‖	‖
7	14	21	28	35	42	49	56	63

3	+	4	=	7
6	+	8	=	14
9	+	12	=	21
12	+	16	=	28
15	+	20	=	35
18	+	24	=	42
21	+	28	=	49
24	+	32	=	56
27	+	36	=	63

이 경우, $(3+4) \times a = 7a$라는 사실을 알 수 있다. 다른 단들 역시 같은 성질을 가졌다.

곱셈에서는 $a \times b = b \times a$가 성립하므로, 단이나 열의 합의 관계는 옆으로 눕혀도 성립한다.

각 단들의 관계를 확인하면서 숫자의 합이나 곱을 실제로 계산해보자.

1.3 '일의 자리의 규칙성'을 찾아라

1.1절에서도 이야기했지만, '일의 자리'에 위치하는 숫자들을 다시 한번 살펴보자. 이 숫자들 사이에는 어떤 법칙성이 존재할까?

일의 자리에 위치하는 숫자들을 순서대로 정리해보면, 다음 표와 같다.

1단	1, 2, 3, 4, 5, 6, 7, 8, 9
2단	2, 4, 6, 8, 0
3단	3, 6, 9, 2, 5, 8, 1, 4, 7
4단	4, 8, 2, 6, 0
5단	5, 0
6단	6, 2, 8, 4, 0
7단	7, 4, 1, 8, 5, 2, 9, 6, 3
8단	8, 6, 4, 2, 0
9단	9, 8, 7, 6, 5, 4, 3, 2, 1

1단, 3단, 7단, 9단에는 1부터 9까지 모든 숫자가 나타난다는 사실을 알 수 있다.

또한 1단에 나오는 숫자는 9단에 나오는 숫자와 역순이며, 2단에 나오는 숫자는 8단에 나오는 숫자의 역순이다. 3단과 7단, 4단과 6단도 같은 관계에 있다.

이번에는 일의 자리에 위치하는 숫자들을 그림으로 나타내보자. 원을 10 등분하여 0부터 9까지 숫자를 적어 넣는 것이다. 일의 자리에 위치하는 숫자들을 순서대로 연결하면 어떻게 될까?

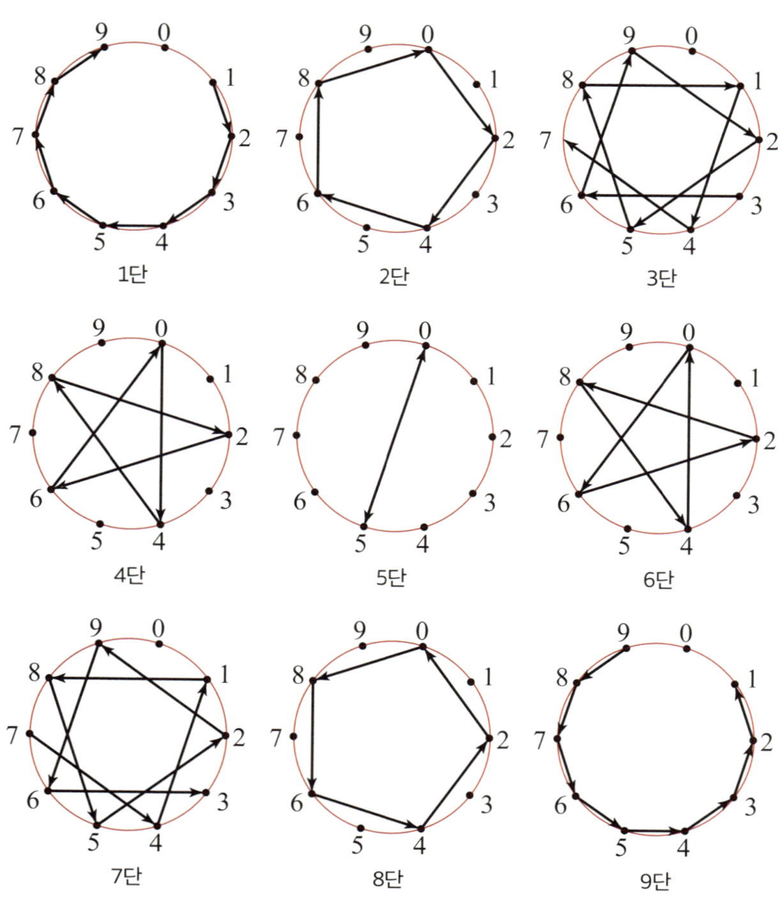

'×10'을 추가해서 '×1'에 연결하면, 0이 더해지기 때문에 완전하게 연결되어 도형이 완성된다.

2단과 8단은 정오각형, 4단과 6단은 별 모양이 나타났다. 이렇게 앞서 나온 표에서 숫자들의 나열이 서로 역순이었던 단들끼리 똑같은 모양이 나타난다.

1단과 9단, 3단과 7단은 완전한 도형을 이루지는 않지만, 역시 서로 똑같은 모양이 나타난다. 5단에는 숫자의 나열이 역순인 단이 존재하지 않지만, 원을 반으로 나누는 직선이 나타난다.

이처럼,

(!) **그림으로 나타내면 숫자들의 대칭성이 눈으로 보인다.**

제2부에서 '숫자를 그림으로 나타내기'가 어떤 것인지, 더 깊이 파고들어 보자.

1.4 구구단에 나오는 수

이번에는 구구단에 각 숫자가 몇 번씩 나오는지 세어보자.

다음 표와 같이 한 번만 나오는 수가 있는가 하면, 두 번, 세 번, 네 번 나오는 수도 있다.

1회	1, 25, 49, 64, 81(5개)
2회	2, 3, 5, 7, 10, 14, 15, 20, 21, 27, 28, 30, 32, 35, 40, 42, 45, 48, 54, 56, 63, 72(22개)
3회	4, 9, 16, 36(4개)
4회	6, 8, 12, 18, 24(5개)

한 번밖에 나오지 않는 수는

$$1 \times 1 = 1, 5 \times 5 = 25, 7 \times 7 = 49,$$
$$8 \times 8 = 64, 9 \times 9 = 81$$

이렇게 어떤 수를 두 번 곱한 수(제곱)라는 사실을 알 수 있다.
두 번 나오는 수는

$$1 \times 2 = 2 \times 1, 1 \times 3 = 3 \times 1, 1 \times 5 = 5 \times 1, \cdots$$

이처럼 서로 다른 수의 곱, 그리고 그 두 수를 서로 바꾼 곱의 짝으로 이루어져 있다.

세 번 등장하는 수에서 볼 수 있는 현상

그럼 세 번 나오는 수는 어떨까?

$$1 \times 4 = 4 \times 1 = 2 \times 2, 1 \times 9 = 9 \times 1 = 3 \times 3,$$
$$2 \times 8 = 8 \times 2 = 4 \times 4, 4 \times 9 = 9 \times 4 = 6 \times 6$$

이처럼 세 번 나오는 수는 서로 다른 두 수의 곱과 그 순서를 바꾼 곱, 그리고 한 수를 두 번 곱한 제곱수로 이루어져 있다.

또한 곱셈 $a \times b$에는 곱해지는 수 a를 c배 하고, 곱하는 수 b를 c로 나누어 계산해도 결과는 변하지 않는다는 성질이 있다$[a \times b = (a \times c) \times (b \div c)]$. 이들은 등호로 묶을 수 있는데, 세 번 나오는 수가 바로 이 형태에 해당한다.

$$1 \times 4 = (1 \times 2) \times (4 \div 2) = 2 \times 2,$$

$$1 \times 9 = (1 \times 3) \times (9 \div 3) = 3 \times 3,$$

$$2 \times 8 = (2 \times 2) \times (8 \div 2) = 4 \times 4,$$

$$4 \times 9 = (4 \times \frac{3}{2}) \times (9 \div \frac{3}{2}) = 6 \times 6$$

다음으로 네 번 나오는 수는 이렇다.

$$1 \times 6 = 6 \times 1 = 2 \times 3 = 3 \times 2,$$

$$1 \times 8 = 8 \times 1 = 2 \times 4 = 4 \times 2,$$

$$2 \times 6 = 6 \times 2 = 3 \times 4 = 4 \times 3,$$

$$2 \times 9 = 9 \times 2 = 3 \times 6 = 6 \times 3,$$

$$3 \times 8 = 8 \times 3 = 4 \times 6 = 6 \times 4$$

여기서 곱셈을 ○의 개수로 나타내보자.

1×6은 ○○○○○○으로 나타낼 수 있고, 2×3은 ○○○/○○○ 으로 나타낼 수 있다.

그러므로 1×6에서 오른쪽 ○ 3개를 떼어 아래로 내려서 나열하면, 2×3과 같은 형태가 되기 때문에 같은 값으로 생각할 수 있는 것이다.

이제 구구단에 적힌 수들을 작은 것부터 차례로 나열해보면 다음과 같다.

1, 2, 3, 4, 5, 6, 7, 8, 9, 10, 12, 14, 15, 16, 18, 20, 21, 24, 25, 27, 28, 30, 32, 35, 36, 40, 42, 45, 48, 49, 54, 56, 63, 64, 72, 81

반대로, 81 이하의 자연수 중 구구단 안에서 한 번도 나타나지 않는 수는 다음과 같다.

11, 13, 17, 19, 22, 23, 26, 29, 31, 33, 34, 37, 38, 39, 41, 43, 44, 46, 47, 50,

51, 52, 53, 55, 57, 58, 59, 60, 61, 62, 65, 66, 67, 68, 69, 70, 71, 73, 74, 75, 76, 77, 78, 79, 80

(!) **구구단에 등장하는 횟수를 미리 봐두면, 공약수나 공배수도 쉽게 찾을 수 있다.**

1.5 구구단에 나오는 숫자의 합 생각하기

구구단에 나오는 다양한 수의 '합'을 탐구해보자.

예를 들어 9단에서는 십의 자리와 일의 자리를 더하면 모두 9가 된다.

$$0+9=9, 1+8=9, 2+7=9,$$
$$3+6=9, 4+5=9, 5+4=9,$$
$$6+3=9, 7+2=9, 8+1=9$$

이 성질을 활용한 것으로는 '손가락 접기 계산'이 유명하다.

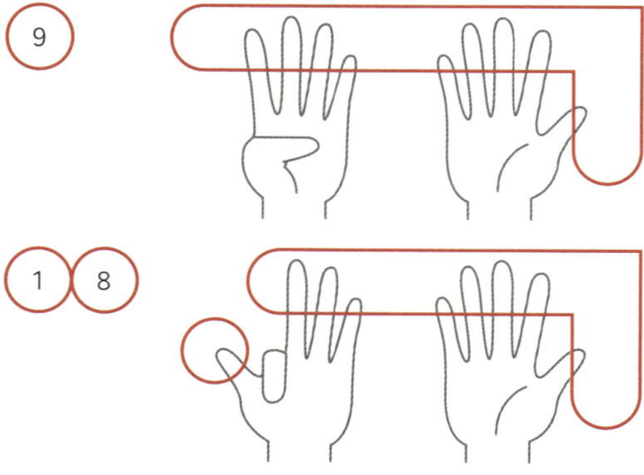

양손을 펼치고 '9에 곱하는 수'와 '접는 손가락'을 대응시킨다. 2를 곱할 때는 왼쪽에서 두 번째 손가락을 접는다. 그러면 그 손가락의 왼쪽에 있는 손가락 개수가 십의 자리를 나타내고, 오른쪽에 있는 손가락 개수가 일의 자리를 나타낸다.

이와 같은 방법으로 구구단에 있는 모든 두 자리 숫자의 합을 구해보자.

1	2	3	4	5	6	7	8	9
2	4	6	8	1	3	5	7	9
3	6	9	3	6	9	3	6	9
4	8	3	7	2	6	10	5	9
5	1	6	2	7	3	8	4	9
6	3	9	6	3	9	6	12	9
7	5	3	10	8	6	13	11	9
8	7	6	5	4	12	11	10	9
9	9	9	9	9	9	9	9	9

여기서 또 생기는 두 자리 숫자를 더해보면 다음과 같다.

1	2	3	4	5	6	7	8	9
2	4	6	8	1	3	5	7	9
3	6	9	3	6	9	3	6	9
4	8	3	7	2	6	1	5	9
5	1	6	2	7	3	8	4	9
6	3	9	6	3	9	6	3	9
7	5	3	1	8	6	4	2	9
8	7	6	5	4	3	2	1	9
9	9	9	9	9	9	9	9	9

단마다 어떤 성질이 있는지 표에 정리해보자. 이렇게 세 종류로 나눌 수 있을 것이다.

1부터 9까지 모든 숫자가 나타난다	1, 2, 4, 5, 7, 8단
3, 6, 9만 나타난다	3, 6단
9만 나타난다	9단

1.6 구구단의 수를 모두 더하면?

구구단에 나오는 81개의 숫자를 모두 더하면 얼마가 나올지 생각해보자.

먼저 1단의 합은 $1+2+3+4+5+6+7+8+9=45$이다.

어떻게 계산할지 힌트를 얻기 위해 이 식을 그림으로 나타내보자. 「$1+2+3+4+5+6+7+8+9$」를 2개 준비해서 이어 붙이면 세로가 10이고 가로가 9인 직사각형이 생긴다.

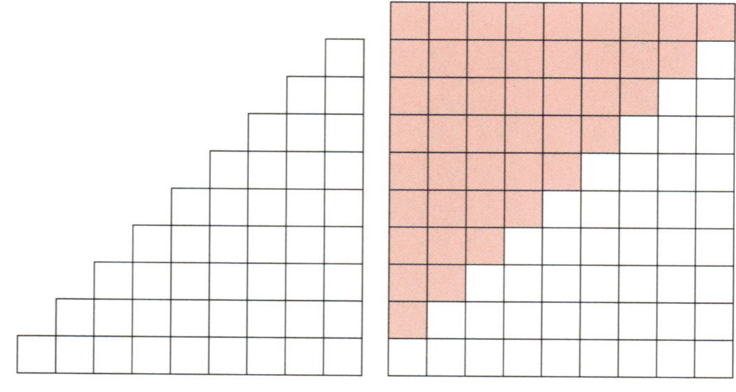

따라서 $1+2+3+4+5+6+7+8+9=10\times9\div2=45$이다.

이런 식으로 계산하면 2단의 총합은 90, 3단의 총합은 135, 4단의 총합은 180, 5단의 총합은 225, 6단의 총합은 270, 7단의 총합은 315, 8단의 총합은 360, 9단의 총합은 405이다.

따라서 구구단의 총합은 다음과 같다.

$$45+90+135+180+225+270+315+360+405=450\times9\div2=2025$$

더 좋은 방법을 찾아라

앞서 소개한 방법으로도 답을 구할 수 있지만, 더 좋은 방법이 있지 않을까? '더 좋은 방법'을 추구하는 자세가 수에 대한 센스를 한층 더 길러줄 것이다.

구구단에 나오는 숫자 81개의 총합이 2025이므로, 평균은 $2025\div81=25$이다. 4개 모으면 100이 되는 계산이다.

이 시점에서 구구단 표를 다시 한번 보면, 표의 네 모서리에 있는 숫자 1, 9, 81, 9(1×1, 1×9, 9×9, 9×1)의 합이 100이다. 마찬가지로 2, 18, 72, 8(1×2, 2×9, 9×8, 8×1)의 합이나 12, 28, 42, 18(3×4, 4×7, 7×6, 6×3)의 합도 100이다(다음 페이지의 그림 참조).

이런 관점에서 계속 살펴보면, 구구단 표의 중앙에 있는 25를 제외하고 4개의 숫자로 100을 만들 수 있다는 사실을 알 수 있다. 이 사실을 발견하면, $2000+25=2025$라는 결과를 얻을 수 있다.

(!) **2025를 구한 시점에서 그치지 않고 수를 보는 관점을 또 바꿔보면 다른 방법이 떠오를 때가 있다. 수학에서는 항상 [다른 방법=더 좋은 방법]을 찾는**

것이 중요하다.

1	2	3	4	5	6	7	8	9
2	4	6	8	10	12	14	16	18
3	6	9	12	15	18	21	24	27
4	8	12	16	20	24	28	32	36
5	10	15	20	25	30	35	40	45
6	12	18	24	30	36	42	48	54
7	14	21	28	35	42	49	56	63
8	16	24	32	40	48	56	64	72
9	18	27	36	45	54	63	72	81

1.7 구구단의 수를 부분적으로 더하기

이번에는 구구단 표에 나오는 숫자를 전부 더하지 말고 부분적으로 더해 보자.

예를 들어 1×1부터 순서대로 4개, 9개, 16개를 더하면 다음과 같다.

$$1, \ 1+2+2+4 = 9,$$

$$1+2+3+2+4+6+3+6+9 = 36,$$

$$1+2+3+4+2+4+6+8+3+6+9+12+4+8+12+16 = 100$$

이들 수를 지수로 나타내면 이렇다.

$$1 = 1^2, \ 9 = (1+2)^2, \ 36 = (1+2+3)^2, \ 100 = (1+2+3+4)^2$$

이 관계를 그림으로 나타내면 다음과 같다.

1	2	3	4	5	6	7	8	9
2	4	6	8	10	12	14	16	18
3	6	9	12	15	18	21	24	27
4	8	12	16	20	24	28	32	36
5	10	15	20	25	30	35	40	45
6	12	18	24	30	36	42	48	54
7	14	21	28	35	42	49	56	63
8	16	24	32	40	48	56	64	72
9	18	27	36	45	54	63	72	81

다음으로 1×1은 가로 1, 세로 1의 정사각형, 1×2는 가로 1, 세로 2의 직사각형처럼, 구구단을 사각형으로 표시해보자. 다음은 1×1부터 5×5까지 표시한 그림이다.

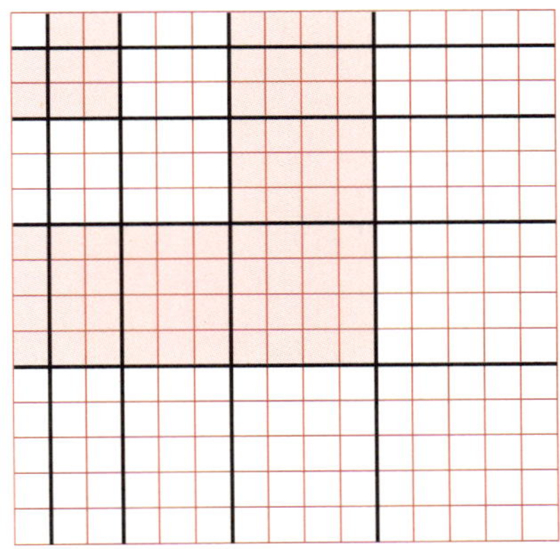

이렇게 생각하면, 구구단 표의 숫자를 모두 더한 값은 한 변이 $1+2+3+4+5+6+7+8+9$인 정사각형의 넓이와 같으므로 다음과 같이 계산할 수 있다.

$$(1+2+3+4+5+6+7+8+9)^2 = 45^2 = 2025$$

구구단 표에 숨어 있는 또 다른 규칙성

이번에는 L자를 좌우로 뒤집은 모양으로 구구단 표의 숫자들을 더해보자.

$$1, \, 2+2+4=8, \, 3+6+3+6+9=27,$$
$$4+8+12+4+8+12+16=64,$$
$$5+10+15+20+5+10+15+20+25=125$$

이 숫자들을 지수로 나타내면 다음과 같다.

$$1=1^3, \, 8=2^3, \, 27=3^3, \, 64=4^3, \, 125=5^3$$

1	2	3	4	5	6	7	8	9
2	4	6	8	10	12	14	16	18
3	6	9	12	15	18	21	24	27
4	8	12	16	20	24	28	32	36
5	10	15	20	25	30	35	40	45
6	12	18	24	30	36	42	48	54
7	14	21	28	35	42	49	56	63
8	16	24	32	40	48	56	64	72
9	18	27	36	45	54	63	72	81

L자를 좌우로 뒤집은 모양에 나열된 숫자들의 관계를 다음 그림과 같이
살펴보면, 2^2이 2개, 3^2이 3개, 4^2이 4개 있는 것을 확인할 수 있다.

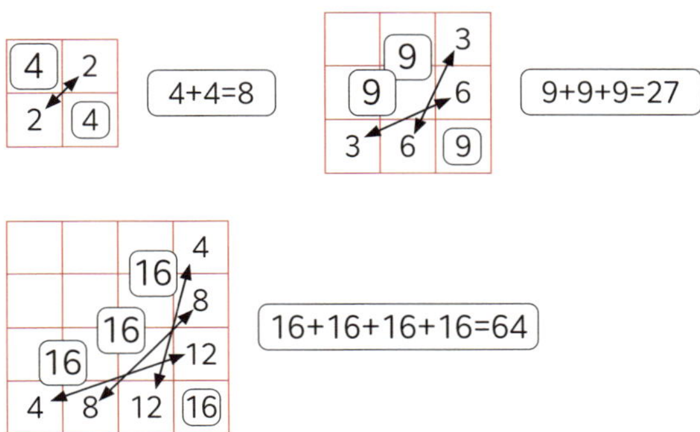

(!) **구구단 표는 매우 규칙적이기 때문에 다양한 수가 숨어 있다. 여기서 소개한
방법 외에도 여러 부분을 더해보며 규칙성과 관계성을 탐구해보자.**

제 2 장

소수를 탐구하며 수학 센스 연마하기 〈1〉

소수(素數)는 중학교 1학년 과정에서 학습한다. 소수의 '소'라는 글자는 물리학의 '소립자'나 화학의 '원소'에서도 쓰이듯이 어떠한 사물의 '근본'이며, 기본 구조를 구성하는 것을 뜻한다.

수학에서 말하는 소수도 마찬가지로, 모든 수의 근본이자 기초 구조를 이루는 존재다.

이 장에서는 다음 3가지를 중점적으로 보려고 한다.

- ☑ **모든 수가 '소수'로 이루어진다는 사실을 확인해보자.**
- ☑ **'소수표'를 만들어보자.**
- ☑ **'소수의 배열'에 대해 탐구해보자.**

2.1 소수란

6은 $6 = 2 \times 3$처럼 1 이외의 수의 곱으로 나타낼 수 있다. 다른 수들 중에도 있다.

$$4 = 2 \times 2,\ 8 = 4 \times 2 = 2^3,\ 9 = 3^2,\ 10 = 2 \times 5,$$

$$12 = 6 \times 2 = 4 \times 3 = 2^2 \times 3,\ 14 = 2 \times 7$$

이와 같이 1 이외의 수의 곱으로 나타낼 수 있는 수를 '합성수'라고 한다.

한편, 2, 3, 5, 7, 11은 1 이외의 수의 곱으로 나타낼 수 없다. 이러한 수를 '소수'라고 한다. 다르게 표현하자면, 2, 3, 5, 7, 11은 1과 자기 자신 이외의 약수를 가지지 않는다.

따라서 1 이외의 자연수는 소수와 합성수라는 두 종류로 나뉜다.

소수 2, 3, 5, 7, 11, ⋯	합성수 4, 6, 8, 9, 10, 12, ⋯

예를 들어 8은 $8 = 2 \times 4$와 $8 = 2 \times 2 \times 2 = 2^3$으로, 1이 들어가지 않은 수의 곱을 써서 두 가지 방법으로 나타낼 수 있다.

12는 $12 = 3 \times 4$와 $12 = 2 \times 6$, 여기에 $12 = 2 \times 2 \times 3 = 2^2 \times 3$까지 세 종류로 나타낼 수 있다.

이들 중에서 소수만의 곱으로 나타낼 수 있는 것이 각각 하나 있다. $8 = 2^3$, $12 = 2^2 \times 3$이다.

일반적으로 모든 자연수는 소수의 곱으로 나타낼 수 있으며, 그 방법은 단 하나뿐이라고 알려져 있다. 자연수를 소수의 곱으로 나타내는 것을 '소인수분해'라 하고, 그 방법이 오로지 하나로 정해지는 성질을 '소인수분해의 일의성'이라고 한다.

자연수를 소인수분해하기

자연수를 소인수분해하기 위해서는 먼저 작은 소수로 나눌 수 있는지 확인하고, 실제로 나눠보면 된다.

예를 들어 36은 2로 나눌 수 있으므로 $36 \div 2 = 18$이다. 다시 2로 나눌 수 있으므로 $18 \div 2 = 9$, 9는 또 3으로 나눌 수 있으므로 $9 \div 3 = 3$이며, 몫인 3은 소수다. 따라서 이렇게 된다.

$$36 = 2 \times 2 \times 3 \times 3$$

큰 자연수의 소인수분해는 쉽지 않다.

예를 들어 361을 직접 소인수분해한다고 생각해보자. 2, 3, 5로는 나누어지지 않고, 7이나 11, 13이나 17로도 나누어지지 않는다. 하지만 361은 19로 나누어떨어지고, 몫은 19이므로 $361 = 19^2$이다.

큰 자연수를 소인수분해하는 일은 간단하지 않지만, 그 수가 아무리 클지라도 반드시 소수만의 곱으로 나타낼 수 있으며, 그 방법은 오직 한 가지로만 정해진다. 이것이 소수가 모든 수의 근원, 즉 기초 구조를 이루는 존재라는 뜻이다.

예를 들어 171957부터 171963까지 소인수분해하면 다음과 같다.

$$171957 = 3 \times 31 \times 43^2$$
$$171958 = 2 \times 127 \times 677$$
$$171959 = 61 \times 2819$$
$$171960 = 2^3 \times 3 \times 5 \times 1433$$
$$171961 = 359 \times 479$$
$$171962 = 2 \times 7 \times 71 \times 173$$
$$171963 = 3^4 \times 11 \times 193$$

한 가지로 소인수분해된다.

소인수분해를 신속·정확하게 하려면, 어떤 수가 소수인지 미리 알아두면 좋다. 따라서 '소수표'가 있으면 매우 편리하다.

2.2 '소수표'를 만들자

소수표를 어떻게 만들지 생각해보자.

2와 3은 소수, 4는 $4 = 2 \times 2$이므로 합성수, 5는 소수, 6은 $6 = 2 \times 3$이므로 합성수, 7은 소수, $8 = 2 \times 2 \times 2$이므로 합성수, 9는 $9 = 3 \times 3$이므로 합성수, 10은 $10 = 2 \times 5$이므로 합성수이다.

그럼 23은 소수일까? 23은 각각 소수인 2, 3, 5, 7, 11, 13, 17, 19 중 아무것으로도 나누어떨어지지 않기 때문에 소수다.

조금 더 큰 수인 143은 어떨까? 같은 이치로 작은 소수부터 차례대로 나누어 소인수를 찾으면 된다. 143은 2나 3으로 나누어떨어지지 않고 5나 7로도 나누어떨어지지 않지만, 11로는 나누어떨어지며 몫은 13이다. 따라서 $143 = 11 \times 13$으로 소인수분해된다.

이처럼 소수인 2, 3, 5, 7…로 차례차례 나누어보는 과정에서 어떤 수가 만약 소수라면 나누어떨어지지 않고 나머지가 생긴다. 이 방법을 이용해 200 안에 있는 소수를 찾아보자.

다음 페이지부터 제시되는 1단계부터 6단계까지의 표를 보면서 실제로 손을 움직여 계산해보길 바란다.

또한 1은 소수도 합성수도 아니므로 미리 '×' 표시를 하여 지워두기로 한다.

1단계 2의 배수 지우기

1	2	3	4	5	6	7	8	9	10
11	12	13	14	15	16	17	18	19	20
21	22	23	24	25	26	27	28	29	30
31	32	33	34	35	36	37	38	39	40
41	42	43	44	45	46	47	48	49	50
51	52	53	54	55	56	57	58	59	60
61	62	63	64	65	66	67	68	69	70
71	72	73	74	75	76	77	78	79	80
81	82	83	84	85	86	87	88	89	90
91	92	93	94	95	96	97	98	99	100
101	102	103	104	105	106	107	108	109	110
111	112	113	114	115	116	117	118	119	120
121	122	123	124	125	126	127	128	129	130
131	132	133	134	135	136	137	138	139	140
141	142	143	144	145	146	147	148	149	150
151	152	153	154	155	156	157	158	159	160
161	162	163	164	165	166	167	168	169	170
171	172	173	174	175	176	177	178	179	180
181	182	183	184	185	186	187	188	189	190
191	192	193	194	195	196	197	198	199	200

✕	2	3	4	5	6	7	8	9	10
11	12	13	14	15	16	17	18	19	20
21	22	23	24	25	26	27	28	29	30
31	32	33	34	35	36	37	38	39	40
41	42	43	44	45	46	47	48	49	50
51	52	53	54	55	56	57	58	59	60
61	62	63	64	65	66	67	68	69	70
71	72	73	74	75	76	77	78	79	80
81	82	83	84	85	86	87	88	89	90
91	92	93	94	95	96	97	98	99	100
101	102	103	104	105	106	107	108	109	110
111	112	113	114	115	116	117	118	119	120
121	122	123	124	125	126	127	128	129	130
131	132	133	134	135	136	137	138	139	140
141	142	143	144	145	146	147	148	149	150
151	152	153	154	155	156	157	158	159	160
161	162	163	164	165	166	167	168	169	170
171	172	173	174	175	176	177	178	179	180
181	182	183	184	185	186	187	188	189	190
191	192	193	194	195	196	197	198	199	200

1	2	3	4	5	6	7	8	9	10
11	12	13	14	15	16	17	18	19	20
21	22	23	24	25	26	27	28	29	30
31	32	33	34	35	36	37	38	39	40
41	42	43	44	45	46	47	48	49	50
51	52	53	54	55	56	57	58	59	60
61	62	63	64	65	66	67	68	69	70
71	72	73	74	75	76	77	78	79	80
81	82	83	84	85	86	87	88	89	90
91	92	93	94	95	96	97	98	99	100
101	102	103	104	105	106	107	108	109	110
111	112	113	114	115	116	117	118	119	120
121	122	123	124	125	126	127	128	129	130
131	132	133	134	135	136	137	138	139	140
141	142	143	144	145	146	147	148	149	150
151	152	153	154	155	156	157	158	159	160
161	162	163	164	165	166	167	168	169	170
171	172	173	174	175	176	177	178	179	180
181	182	183	184	185	186	187	188	189	190
191	192	193	194	195	196	197	198	199	200

1	2	3	4	5	6	7	8	9	10
11	12	13	14	15	16	17	18	19	20
21	22	23	24	25	26	27	28	29	30
31	32	33	34	35	36	37	38	39	40
41	42	43	44	45	46	47	48	49	50
51	52	53	54	55	56	57	58	59	60
61	62	63	64	65	66	67	68	69	70
71	72	73	74	75	76	77	78	79	80
81	82	83	84	85	86	87	88	89	90
91	92	93	94	95	96	97	98	99	100
101	102	103	104	105	106	107	108	109	110
111	112	113	114	115	116	117	118	119	120
121	122	123	124	125	126	127	128	129	130
131	132	133	134	135	136	137	138	139	140
141	142	143	144	145	146	147	148	149	150
151	152	153	154	155	156	157	158	159	160
161	162	163	164	165	166	167	168	169	170
171	172	173	174	175	176	177	178	179	180
181	182	183	184	185	186	187	188	189	190
191	192	193	194	195	196	197	198	199	200

1	2	3	4	5	6	7	8	9	10
11	12	13	14	15	16	17	18	19	20
21	22	23	24	25	26	27	28	29	30
31	32	33	34	35	36	37	38	39	40
41	42	43	44	45	46	47	48	49	50
51	52	53	54	55	56	57	58	59	60
61	62	63	64	65	66	67	68	69	70
71	72	73	74	75	76	77	78	79	80
81	82	83	84	85	86	87	88	89	90
91	92	93	94	95	96	97	98	99	100
101	102	103	104	105	106	107	108	109	110
111	112	113	114	115	116	117	118	119	120
121	122	123	124	125	126	127	128	129	130
131	132	133	134	135	136	137	138	139	140
141	142	143	144	145	146	147	148	149	150
151	152	153	154	155	156	157	158	159	160
161	162	163	164	165	166	167	168	169	170
171	172	173	174	175	176	177	178	179	180
181	182	183	184	185	186	187	188	189	190
191	192	193	194	195	196	197	198	199	200

1	2	3	4	5	6	7	8	9	10
11	12	13	14	15	16	17	18	19	20
21	22	23	24	25	26	27	28	29	30
31	32	33	34	35	36	37	38	39	40
41	42	43	44	45	46	47	48	49	50
51	52	53	54	55	56	57	58	59	60
61	62	63	64	65	66	67	68	69	70
71	72	73	74	75	76	77	78	79	80
81	82	83	84	85	86	87	88	89	90
91	92	93	94	95	96	97	98	99	100
101	102	103	104	105	106	107	108	109	110
111	112	113	114	115	116	117	118	119	120
121	122	123	124	125	126	127	128	129	130
131	132	133	134	135	136	137	138	139	140
141	142	143	144	145	146	147	148	149	150
151	152	153	154	155	156	157	158	159	160
161	162	163	164	165	166	167	168	169	170
171	172	173	174	175	176	177	178	179	180
181	182	183	184	185	186	187	188	189	190
191	192	193	194	195	196	197	198	199	200

6단계까지 각 과정에서 지워지지 않은 가장 작은 수는 소수이다. 따라서 2, 3, 5, 7, 11, 13을 먼저 소수로 찾을 수 있다.

'처음으로 지워진 가장 작은 수'에 주목하자

다음으로 각 단계에서 처음으로 지워지는 가장 작은 수에 주목해보자.

3의 배수에서는 9이고, 5에서는 25, 7에서는 49이다. 즉, $3^2 = 9$, $5^2 = 25$, $7^2 = 49$이다.

여기서 7^2을 주목하자. 7^2은 7보다 작은 소수로는 나누어떨어지지 않는다. 또한 $49(7^2)$보다 작은 합성수는 모두 7보다 작은 소인수를 가진다. 왜냐하면 7 이상의 소인수를 2개 가지면 그 곱은 최소 $49(7^2)$ 이상이 되기 때문이다.

따라서 3과 5의 배수를 지운 시점에서 49보다 작은 수인데 지워지지 않은 수는 소수라고 할 수 있다. 즉, 7, 11, 13, 17, 19, 23, 29, 31, 37, 41, 43, 47은 소수이다.

7의 다음 소수는 11이고, 5단계에서는 $11^2 = 121$이 처음으로 지워지는 가장 작은 수다. 다시 말해 2, 3, 5, 7로 나누어떨어지는지만 확인하면, 120 이하의 수 중에서는 새롭게 지워지는 수는 없다. 따라서 120 이하의 소수는 2, 3, 5, 7로 나누어떨어지는지만 보면 판별할 수 있다.

11의 다음 소수는 13이고, 6단계에서는 $13^2 = 169$가 처음으로 지워지는 가장 작은 수다. 그다음 소수는 17이고, $17^2 = 289$가 처음으로 지워지는 가장 작은 수다. 따라서 13보다 큰 소수로 나누어보아도 200 이하에서는 새롭게 지워지는 수가 존재하지 않는다.

'배수를 지우는 소수', '처음으로 지워지는 가장 작은 수', '소수를 판별하는 기준이 되는 수'를 다음 표와 같이 정리했다.

소수	2	3	5	7	11	13	17	19	23
소수의 제곱: 처음으로 지워지는 가장 작은 수	4	9	25	49	121	169	289	361	529
소수를 판별하는 기준이 되는 수	8 이하	24	48	120	168	288	360	528	$29^2 - 1 = 840$

이처럼 작은 소수의 배수를 차례대로 지워나가고, 남은 수 중에서 소수를 찾아내는 방법을 '에라토스테네스의 체'라고 한다. 중학교 수학 교과서에도 에라토스테네스의 체가 소개되어 있는 경우가 많다.

⚠ **에라토스테네스의 체를 실제로 해보면, 100 미만의 자연수는 2, 3, 5, 7의 배수가 아닌 수만 남게 되고, 그 수들이 모두 소수임을 알 수 있다.**

2.3 나열을 바꿔서 소수 다시 바라보기

앞서 1단계부터 6단계까지에서 본 것처럼, 한 줄에 수가 10개씩 나열된 표에서는 소수가 불규칙적으로 흩어져 있다는 인상을 받는다. 그렇다면 한 줄에 나열되는 수를 2개나 3개로 바꾸면 인상이 달라질까? 구체적으로 확인해보자.

이처럼 시점이나 착상을 바꾸어 구체적으로 살펴보는 것도 수에 대한 감각이 날카로워지는 지름길이다.

예를 들어 한 줄에 나열할 수 있는 수를 2~6개로 바꾸어 표를 만들어보면 무엇이 보일까?

1	2	75	76	149	150
3	4	77	78	151	152
5	6	79	80	153	154
7	8	81	82	155	156
9	10	83	84	157	158
11	12	85	86	159	160
13	14	87	88	161	162
15	16	89	90	163	164
17	18	91	92	165	166
19	20	93	94	167	168
21	22	95	96	169	170
23	24	97	98	171	172
25	26	99	100	173	174
27	28	101	102	175	176
29	30	103	104	177	178
31	32	105	106	179	180
33	34	107	108	181	182
35	36	109	110	183	184
37	38	111	112	185	186
39	40	113	114	187	188
41	42	115	116	189	190
43	44	117	118	191	192
45	46	119	120	193	194
47	48	121	122	195	196
49	50	123	124	197	198
51	52	125	126	199	200
53	54	127	128		
55	56	129	130		
57	58	131	132		
59	60	133	134		
61	62	135	136		
63	64	137	138		
65	66	139	140		
67	68	141	142		
69	70	143	144		
71	72	145	146		
73	74	147	148		

1	2	3
4	5	6
7	8	9
10	11	12
13	14	15
16	17	18
19	20	21
22	23	24
25	26	27
28	29	30
31	32	33
34	35	36
37	38	39
40	41	42
43	44	45
46	47	48
49	50	51
52	53	54
55	56	57
58	59	60
61	62	63
64	65	66
67	68	69
70	71	72
73	74	75
76	77	78
79	80	81
82	83	84
85	86	87
88	89	90
91	92	93
94	95	96
97	98	99
100	101	102
103	104	105
106	107	108
109	110	111
112	113	114
115	116	117
118	119	120
121	122	123
124	125	126
127	128	129
130	131	132
133	134	135
136	137	138
139	140	141
142	143	144
145	146	147
148	149	150
151	152	153
154	155	156
157	158	159
160	161	162
163	164	165
166	167	168
169	170	171
172	173	174
175	176	177
178	179	180
181	182	183
184	185	186
187	188	189
190	191	192
193	194	195
196	197	198
199	200	201

1	2	3	4
5	6	7	8
9	10	11	12
13	14	15	16
17	18	19	20
21	22	23	24
25	26	27	28
29	30	31	32
33	34	35	36
37	38	39	40
41	42	43	44
45	46	47	48
49	50	51	52
53	54	55	56
57	58	59	60
61	62	63	64
65	66	67	68
69	70	71	72
73	74	75	76
77	78	79	80
81	82	83	84
85	86	87	88
89	90	91	92
93	94	95	96
97	98	99	100
101	102	103	104
105	106	107	108
109	110	111	112
113	114	115	116
117	118	119	120
121	122	123	124
125	126	127	128
129	130	131	132
133	134	135	136
137	138	139	140
141	142	143	144
145	146	147	148

149	150	151	152
153	154	155	156
157	158	159	160
161	162	163	164
165	166	167	168
169	170	171	172
173	174	175	176
177	178	179	180
181	182	183	184
185	186	187	188
189	190	191	192
193	194	195	196
197	198	199	200

한 줄에 숫자 5개씩 나열했을 때

1	2	3	4	5
6	7	8	9	10
11	12	13	14	15
16	17	18	19	20
21	22	23	24	25
26	27	28	29	30
31	32	33	34	35
36	37	38	39	40
41	42	43	44	45
46	47	48	49	50
51	52	53	54	55
56	57	58	59	60
61	62	63	64	65
66	67	68	69	70
71	72	73	74	75
76	77	78	79	80
81	82	83	84	85
86	87	88	89	90
91	92	93	94	95
96	97	98	99	100
101	102	103	104	105
106	107	108	109	110
111	112	113	114	115
116	117	118	119	120
121	122	123	124	125
126	127	128	129	130
131	132	133	134	135
136	137	138	139	140
141	142	143	144	145
146	147	148	149	150
151	152	153	154	155
156	157	158	159	160
161	162	163	164	165
166	167	168	169	170
171	172	173	174	175
176	177	178	179	180
181	182	183	184	185
186	187	188	189	190
191	192	193	194	195
196	197	198	199	200

한 줄에 숫자 6개씩 나열했을 때

1	2	3	4	5	6
7	8	9	10	11	12
13	14	15	16	17	18
19	20	21	22	23	24
25	26	27	28	29	30
31	32	33	34	35	36
37	38	39	40	41	42
43	44	45	46	47	48
49	50	51	52	53	54
55	56	57	58	59	60
61	62	63	64	65	66
67	68	69	70	71	72
73	74	75	76	77	78
79	80	81	82	83	84
85	86	87	88	89	90
91	92	93	94	95	96
97	98	99	100	101	102
103	104	105	106	107	108
109	110	111	112	113	114
115	116	117	118	119	120
121	122	123	124	125	126
127	128	129	130	131	132
133	134	135	136	137	138
139	140	141	142	143	144
145	146	147	148	149	150
151	152	153	154	155	156
157	158	159	160	161	162
163	164	165	166	167	168
169	170	171	172	173	174
175	176	177	178	179	180
181	182	183	184	185	186
187	188	189	190	191	192
193	194	195	196	197	198
199	200	201	202	203	204

한 줄에 숫자를 6개씩 나열한 표를 보자(앞 페이지의 오른쪽 표 참조). 이 표에는 어떤 특징이 있을까?

사실 6으로 나눴을 때 나머지가 1, 2, 3, 4, 5, 0인 열이 차례대로 줄을 이룬 것을 발견할 수 있다. 그리고 소수는 2, 3, 5가 나타나는 첫 번째 줄을 제외하면 1열과 5열에서만 나타난다. 왜 그럴까?

그 이유는 두 번째 열의 수는 2를, 3번째 열의 수는 3을, 4번째 열의 수는 2를, 6번째 열의 수는 2와 3을 소인수로 갖기 때문이다.

이처럼 수의 배열을 바꾸면, 소수 후보를 추려낼 수 있다.

4나 6 같은 합성수로 열의 개수를 맞추면, 소수가 나올 열이 제한된다.

4열일 때는 소수가 세로로 2개 이어지는 곳이 몇 군데 보인다. 그리고 처음 3, 7, 11을 제외하면 소수가 세로로 3개 이어지는 경우는 없다. 왜냐하면 세로로 3개 이어지는 수 중에서 반드시 하나는 3의 배수가 되기 때문이다.

6열일 때는 소수가 세로로 4개 이어지는 곳이 몇 군데 보인다. 마찬가지로 5, 11, 17, 23, 29를 제외하면 소수가 세로로 5개 이어지는 곳은 없다.

'울람 나선'이란 무엇일까?

앞에서 살펴본 방식과는 달리, 수를 나열하는 또 다른 방법으로 '울람 나선'이 유명하다. 표의 중심에 1을 두고 그 주위에 소용돌이 모양으로 수를 늘어놓은 것인데, 수학자 스타니스와프 울람(1909~1984)이 1963년에 고안했다.

울람 나선에서 소수에 표시해보면 무엇이 보일까? 소수에 색을 칠해놓은 다음 표를 살펴보자.

256	255	254	253	252	251	250	249	248	247	246	245	244	243	242	241
197	196	195	194	193	192	191	190	189	188	187	186	185	184	183	240
198	145	144	143	142	141	140	139	138	137	136	135	134	133	182	239
199	146	101	100	99	98	97	96	95	94	93	92	91	132	181	238
200	147	102	65	64	63	62	61	60	59	58	57	90	131	180	237
201	148	103	66	37	36	35	34	33	32	31	56	89	130	179	236
202	149	104	67	38	17	16	15	14	13	30	55	88	129	178	235
203	150	105	68	39	18	5	4	3	12	29	54	87	128	177	234
204	151	106	69	40	19	6	1	2	11	28	53	86	127	176	233
205	152	107	70	41	20	7	8	9	10	27	52	85	126	175	232
206	153	108	71	42	21	22	23	24	25	26	51	84	125	174	231
207	154	109	72	43	44	45	46	47	48	49	50	83	124	173	230
208	155	110	73	74	75	76	77	78	79	80	81	82	123	172	229
209	156	111	112	113	114	115	116	117	118	119	120	121	122	171	228
210	157	158	159	160	161	162	163	164	165	166	167	168	169	170	227
211	212	213	214	215	216	217	218	219	220	221	222	223	224	225	226

소수가 방사선 패턴을 이루며 나열된 모습을 확인할 수 있다.

아래 그림은 40000까지의 수 중에서 소수를 검게 칠해 표시한 울람 나선이다.

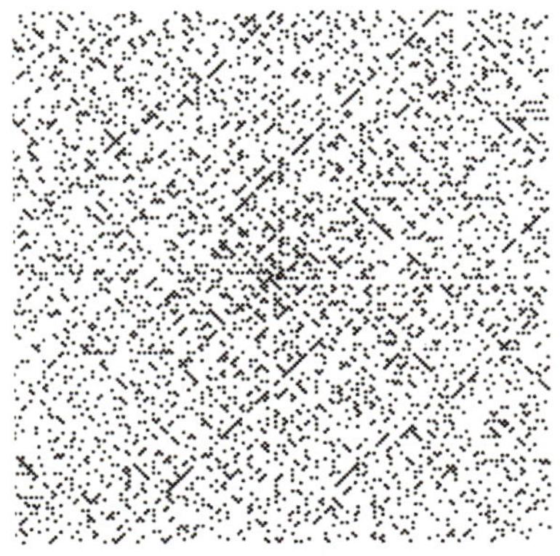

군데군데 가로, 세로, 대각선으로 소수가 직선상에 이어지는 부분이 나

타나면서, 지금까지와는 다른 방식으로 또 다른 소수의 표정을 살펴볼 수 있다.

⚠ **소수 그 자체가 달라지는 것은 아니지만, '나열법'을 바꾸기만 해도 보이는 성질이 달라진다. 이제 자신만의 나열법을 탐구해 찾아보자.**

2.4 디리클레 정리

사실 끝자리가 1인 소수는 무한히 존재한다는 사실이 증명되어 있다. 어떻게 증명할 수 있을까?

일반적으로 다음 디리클레 정리가 잘 알려져 있다.

> **디리클레 정리**
> a와 b의 최대공약수가 1일 때,
> $an+b$(n은 자연수) 꼴의 소수는 무한히 존재한다.

10과 1의 최대공약수는 1이므로, $a=10$, $b=1$로 두면 $10n+1$ 꼴의 소수는 무한히 존재한다. 마찬가지로 끝자리가 3, 7, 9인 소수도 각각 무한히 존재한다.

이 정리에 따르면, 4로 나누어 나머지가 1이 되는 소수($4n+1$ 꼴의 소수), 4로 나누어 나머지가 3이 되는 소수($4n+3$ 꼴의 소수), 6으로 나누어 나머지가 1이 되는 소수($6n+1$ 꼴의 소수), 6으로 나누어 나머지가 5가 되는 소수($6n+5$ 꼴의 소수)도 모두 무한히 존재한다.

앞서 수를 3개씩 나열한 표에서는 1열과 2열에 소수가 무한히 나타난다.

4개씩 나열한 표에서는 1열과 3열에 소수가 무한히 나타난다. 5개씩 나열한 표에서는 1열, 2열, 3열, 4열에 소수가 무한히 나타난다.

2.5 1300 이하의 소수

다음 장에서는 날짜를 숫자로 간주해 여러 가지 생각을 해볼 것이다. 그 전에 여기서는 1300 이하의 소수를 살펴보도록 하자.

2	3	5	7	11	13	17	19	23	29
31	37	41	43	47	53	59	61	67	71
73	79	83	89	97	101	103	107	109	113
127	131	137	139	149	151	157	163	167	173
179	181	191	193	197	199	211	223	227	229
233	239	241	251	257	263	269	271	277	281
283	293	307	311	313	317	331	337	347	349
353	359	367	373	379	383	389	397	401	409
419	421	431	433	439	443	449	457	461	463
467	479	487	491	499	503	509	521	523	541
547	557	563	569	571	577	587	593	599	601
607	613	617	619	631	641	643	647	653	659
661	673	677	683	691	701	709	719	727	733
739	743	751	757	761	769	773	787	797	809
811	821	823	827	829	839	853	857	859	863
877	881	883	887	907	911	919	929	937	941
947	953	967	971	977	983	991	997	1009	1013
1019	1021	1031	1033	1039	1049	1051	1061	1063	1069
1087	1091	1093	1097	1103	1109	1117	1123	1129	1151
1153	1163	1171	1181	1187	1193	1201	1213	1217	1223
1229	1231	1237	1249	1259	1277	1279	1283	1289	1291
1297									

자연수 중에서 소수가 연속해서 나타나는 곳은 2와 3뿐이다.

그런데 합성수는 8, 9, 10이나 24, 25, 26, 27, 28 등 길게 이어지는 부분이 있다. 200 이하의 자연수에서 합성수가 가장 길게 이어지는 곳은 114부터 126까지 13개다.

이들 수를 소인수분해하면 다음과 같다.

$$114 = 2 \times 3 \times 19, \ 115 = 5 \times 23,$$
$$116 = 2^2 \times 29, \ 117 = 3^2 \times 13,$$
$$118 = 2 \times 59, \ 119 = 7 \times 17,$$
$$120 = 2^3 \times 3 \times 5, \ 121 = 11^2, \ 122 = 2 \times 61,$$
$$123 = 3 \times 41, \ 124 = 2^2 \times 31, \ 125 = 5^3,$$
$$126 = 2 \times 3^2 \times 7$$

그렇다면 합성수가 훨씬 더 길게 이어지는 부분도 존재할까? 다시 말해 '소수의 간격'이 매우 넓은 구간이 있을까?

사실 합성수가 연속하도록 만드는 방법이 있다.

$$2 \times 3 \times 4 \times 5 + 2, \ 2 \times 3 \times 4 \times 5 + 3,$$
$$2 \times 3 \times 4 \times 5 + 4, \ 2 \times 3 \times 4 \times 5 + 5$$

예를 들어 위를 살펴보면, 순서대로 2, 3, 4, 5를 약수로 가진다는 사실을 알 수 있다. 또,

$$2\times3\times4\times5\times6+2,\ 2\times3\times4\times5\times6+3,$$
$$2\times3\times4\times5\times6+4,\ 2\times3\times4\times5\times6+5,$$
$$2\times3\times4\times5\times6+6$$

여기서는 순서대로 2, 3, 4, 5, 6을 약수로 가진다는 사실을 알 수 있다. 이런 식으로 생각하면,

$$2\times3\times\cdots\times652+2,\ 2\times3\times\cdots\times652+3,\ \cdots,$$
$$2\times3\times\cdots\times652+652$$

여기까지 이어지는 651개의 수는 순서대로 2, 3, $\cdots$, 652를 약수로 가지게 된다. 따라서 651개의 합성수가 연속해서 나타나게 된다. 이처럼 합성수가 길게 이어지는 구간은 얼마든지 만들 수 있다.

참고로 $2\times3\times\cdots\times652$는 10^{1553}보다 더 큰 수다. 하지만 실제로는 이 수를 굳이 만들어서 찾지 않더라도 훨씬 작은 수에서 651개의 합성수가 연속해서 나타난다. 예를 들어,

$$2614941710600,\ 2614941710601,\ \cdots,\ 2614941711250$$

이 구간처럼 말이다. 처음 수는 2조 6149억 4171만 600이다. 이 수를 작다고 볼지 크다고 볼지는 판단하기 어려운 부분이다.

(!) **합성수가 이어지는 구간은 얼마든지 길게 존재한다.**

소수가 '같은 간격으로 이어지는 열'

소수 중에 일정한 차이를 두고 이어지는 수열(등차수열)은 얼마나 존재할까?

예를 들어 11에서 시작해 30씩 더한 열은 11, 41, 71, 101, 131로 이어지며, 이 5개의 수는 모두 소수다. 1300 이하의 자연수 중에서는 6개의 소수가 이어지는 수열도 찾을 수 있다.

7, 37, 67, 97, 127, 157과 359, 389, 419, 449, 479, 509, 이 두 경우가 바로 6개의 소수가 이어지는 구간이다. 참고로 7개의 소수가 이어지는 수열은 오직 하나뿐이다.

6개 이어지려면 공차는 최소 30 이상이어야 한다. 그 이유는 30의 약수에 1, 2, 3, 5가 모두 포함되기 때문이다. 약수에 5가 들어 있지 않으면, 5개가 이어질 경우 그 안에 5의 배수가 반드시 들어가버린다. 그럼 7, 37, 67, 97, 127, 157의 나머지를 표에 정리해보자.

	7	37	67	97	127	157
2로 나눈 나머지	1	1	1	1	1	1
3으로 나눈 나머지	1	1	1	1	1	1
5로 나눈 나머지	2	2	2	2	2	2
7로 나눈 나머지	0	2	4	6	1	3

30을 7로 나누면 나머지는 2가 된다. 따라서 7로 나눈 나머지는 2씩 증가한다. 예를 들어 6+2는 8이고, 8÷7은 나머지가 1이므로 6 다음에는 1이 온다. 187을 7로 나누면 나머지가 5이기 때문에 7개가 이어질 가능성은 있다. 그러나 187=11×17이므로 소수가 아니다.

다음으로 359, 389, 419, 449, 479, 509의 나머지를 표로 정리해보자.

	359	389	419	449	479	509
2로 나눈 나머지	1	1	1	1	1	1
3으로 나눈 나머지	2	2	2	2	2	2
5로 나눈 나머지	4	4	4	4	4	4
7로 나눈 나머지	2	4	6	1	3	5

539는 7로 나누어떨어지므로 소수가 아니다. 이처럼 7 이외의 소수에서 시작해 공차가 30의 배수인 수열은 길어야 6개까지만 이어진다. 특히 공차가 30인 경우에는 반드시 7로 나눈 나머지가 2인 소수에서 시작해야 6개가 이어질 수 있다.

그런데 7로 나눈 나머지를 바꾸지 않으려면, 공차에 2, 3, 5, 7이 모두 약수로 들어 있어야 한다. 따라서 공차가 210인 수열을 고려해야 하는데, 1300 이하에서는 그런 수열을 찾을 수 없다.

따라서 1300 이하의 소수 중에서 7개의 소수가 이어지는 등차수열을 찾으려면 7부터 시작해야 한다. 그러나 187은 소수가 아니므로, 공차가 30의 배수이면서 동시에 180의 약수가 아닌 경우를 살펴야 한다.

예를 들어 공차를 150으로 잡으면, 7, 157, 307, 457, 607, 757, 907까지 7개의 소수가 이어진다. 하지만 다음 항인 1057은 7×151이기 때문에 소수가 아니다.

한편 일반적인 경우에 대해 2004년에 두 명의 수학자, 벤 그린(1977~)과 테렌스 타오(1975~)가 중요한 정리를 발표했다.

그린-타오 정리
어떤 길이든 소수만으로 이루어진 등차수열이 존재한다.

제 3 장

소수를 탐구하며 수학 센스 연마하기 〈2〉

이 장에서는 특징적인 형태를 가진 소수나 소수의 집합에 주목한다. 또한 예를 들어 4월 3일을 '403'과 같이 숫자로 표현하여, 날짜 속에서도 소수를 찾아보려 한다.

다시 1300 이하의 수에서 소수를 찾아보면(51쪽 참조), 재미있는 형태를 가진 소수가 다양하게 존재한다는 사실을 알 수 있을 것이다.

특징적인 소수에는 이름이 붙어 있으며, 그 성질이나 특성에 대한 연구가 진행되고 있다. 이러한 소수들을 살펴보자.

이 장의 포인트는 다음 3가지다.

- ✓ 3과 5, 5와 7, 11과 13처럼 차이가 2인 소수를 찾아보자.
- ✓ 11, 101, 131, 151, 181, 191, 313은 왼쪽부터 읽든 오른쪽부터 읽든 같은 숫자이며, 모두 소수이다. 이러한 소수는 무한히 존재할까?
- ✓ 소수 13을 오른쪽부터 읽으면 31이며, 이 또한 소수이다. 마찬가지로 389와 983도 양쪽에서 읽었을 때 모두 소수이다. 이러한 소수는 무한히 존재할까?

3.1 쌍둥이 소수

합성수는 연속해서 나올 수 있지만, 소수가 연속하는 경우는 2와 3뿐이다.

연속하는 두 수 중 하나는 반드시 짝수이므로, 2와 3 이외에 소수가 연속하는 경우는 존재하지 않는다. 즉, 차이가 1인 소수는 이 조합뿐이다.

그렇다면 차이가 2인 소수는 어떨까? 3과 5, 5와 7, 11과 13과 같이 차이가 2인 소수 조합을 찾을 수 있다. 이러한 소수들을 '쌍둥이 소수'라고 부른다. 쌍둥이 소수가 무한히 존재하는지는 수학에서 미해결 난제이며, '쌍둥이 소수 추측'이라고 한다.

미해결 문제: 쌍둥이 소수는 무수히 존재하는가?

500 미만의 쌍둥이 소수는 다음과 같다.

3, 5	5, 7	11, 13	17, 19	29, 31
41, 43	59, 61	71, 73	101, 103	
107, 109	137, 139	149, 151	179, 181	
191, 193	197, 199	227, 229	239, 241	
269, 271	281, 283	311, 313	347, 349	
419, 421	431, 433	461, 463		

100 미만에는 8쌍의 쌍둥이 소수가 있고, 100 이상 200 미만에는 7쌍, 200 이상 300 미만에는 4쌍, 300 이상 400 미만에는 2쌍, 400 이상 500 미만에는 3쌍으로 점차 줄어드는 모습을 볼 수 있다.

숫자가 커질수록 소수의 비율이 낮아지기 때문에 쌍둥이 소수는 언젠가 없어질 수도 있고, 드문드문 계속 나타날 수도 있다. 이 연구는 최근 들어 큰 진전을 보이고 있으며, 쌍둥이 소수 추측도 가까운 미래에 해결될 가능성이 있다.

3.2 회문 소수와 수소

151, 373은 모두 오른쪽부터 읽든 왼쪽부터 읽든 똑같은 수이며, 게다가 소수이기도 하다. 이렇게 어느 쪽에서 읽어도 똑같은 수를 '회문수'라고 하고, 여기에 소수라는 조건까지 만족하면 '회문 소수'라고 부른다.

한 자리 회문 소수는 2, 3, 5, 7로 4개이다.

두 자리 회문 소수는 11뿐이다. 참고로, 두 자릿수 반복 수는 모두 11의 배수이다(22는 11의 2배, 33은 11의 3배).

세 자리 회문 소수는 101, 131, 151, 181, 191, 313, 353, 373, 383, 727, 757, 787, 797, 919, 929로 15개이다.

그리고 다음 문제는 현재 미해결된 문제로 남아 있다.

> **미해결 문제:** 회문 소수는 무한히 존재하는가?

'수소'란 무엇일까?

13, 31은 십의 자리와 일의 자리를 서로 바꿔도 소수인 소수 조합이다. 이러한 조합을 '수소'라고 한다.

소수를 영어로 'prime number'라고 하는데, 수소(emirp)는 'prime'을 거꾸로 뒤집어 만든 조어로, 뒤집어도 소수임을 나타낸다.

두 자리 수소는 11, 13과 31, 17과 71, 37과 73, 79와 97로 총 5쌍이 존재

한다.

세 자리 수소는 다음과 같다.

101, 107, 113, 131, 149, 151, 157, 167, 179, 181, 191, 199, 311, 313, 337, 347, 353, 359, 373, 383, 389, 701, 709, 727, 733, 739, 743, 751, 757, 761, 769, 787, 797, 907, 919, 929, 937, 941, 953, 967, 971, 983, 991

다음 문제 또한 아직 미해결이다.

미해결 문제: 수소는 무한히 존재하는가?

(!) **숫자 배열의 대칭성에 착안하더라도, 소수에는 여전히 풀리지 않는 문제가 남아 있다. 회문 소수가 무한히 존재한다면, 수소 역시 무한히 존재한다.**

3.3 레퓨닛 수

11은 소수이지만, 111은 3×37이므로 합성수이다.

이처럼 1이 연속으로 이어진 자연수를 '레퓨닛 수'라고 한다. '레퓨닛'은 1이라는 단위(unit)가 반복된다는 의미의 영어 표현 'repeated unit'을 줄인 말이다.

다음 페이지 표에는 1이 이어진 자연수(레퓨닛 수)와 그 소인수분해를 나타냈다.

표를 위에서 살펴보면, 세 자리 이상은 대부분 합성수로 보이지만, 1이 19개 연속된 수에서 소수가 나타난다.

또한 짝수 자리의 레퓨닛 수는 모두 11의 배수이고, 3의 배수 자리에는

3과 37의 배수가, 5의 배수 자리에는 41과 271의 배수가 존재하기 때문에, 대부분의 경우 소수는 나타나지 않는다.

따라서 다음 문제 역시 아직 풀리지 않은 문제로 남아 있다.

자릿수	수	소인수분해
1	1	1
2	11	11
3	111	3×37
4	1111	11×101
5	11111	41×271
6	111111	$3 \times 7 \times 11 \times 13 \times 37$
7	1111111	239×4649
8	11111111	$11 \times 73 \times 101 \times 137$
9	111111111	$3^2 \times 37 \times 333667$
10	1111111111	$11 \times 41 \times 271 \times 9091$
11	11111111111	21649×513239
12	111111111111	$3 \times 7 \times 11 \times 13 \times 37 \times 101 \times 9901$
13	1111111111111	$53 \times 79 \times 265371653$
14	11111111111111	$11 \times 239 \times 4649 \times 909091$
15	111111111111111	$3 \times 31 \times 37 \times 41 \times 271 \times 2906161$
16	1111111111111111	$11 \times 17 \times 73 \times 101 \times 137 \times 5882353$
17	11111111111111111	$2071723 \times 5363222357$
18	111111111111111111	$3^2 \times 7 \times 11 \times 13 \times 19 \times 37 \times 52579 \times 333667$
19	1111111111111111111	1111111111111111111
20	11111111111111111111	$11 \times 41 \times 101 \times 271 \times 3541 \times 9091 \times 27961$

미해결 문제: 레퓨닛 수 중에서 소수는 무한히 존재하는가?

표에서 예상할 수 있듯, 1을 합성수 개만큼 나열한 수는 합성수이다. 따라서 소수인 레퓨닛 수 후보는 1을 소수 개만큼 나열한 수로 좁혀진다.

(!) **1을 나열한 수만 살펴보더라도, 소수에는 아직 알려지지 않은 부분이 있다. 이 밖에도 흥미로운 소수가 있는지 탐구해보자.**

3.4 순수 소수

311, 317 등의 소수에는 재미난 성질이 있다.

317을 오른쪽에서부터 한 자리씩 지우면 31, 3이 되는데, 이들은 모두 소수이다. 이러한 소수를 '순수 소수'라고 한다. 순수 소수는 유한 개 존재하며, 다음 표와 같이 총 27개가 있다.

53	317	599	797	2393	3793
3797	7331	23333	23339	31193	31379
37397	73331	373393	593993	719333	739397
739399	239933	7393931	7393933	23399339	29399999
37337999	59393339	73939133			

가장 큰 순수 소수는 73939133이다. 이 수의 오른쪽에 1부터 9까지 어떤 숫자를 붙여도 모두 합성수가 된다. 73939133이 순수 소수이므로, 오른쪽에서 한 자리를 지운 7393913 역시 순수 소수이다. 위의 표에는 이렇게 큰 순수 소수에 포함되는 순수 소수는 넣지 않았다.

또한, 숫자를 오른쪽이 아닌 왼쪽부터 지우는 경우도 있다.

이때 알려진 가장 큰 순수 소수는 357686312646216567629137이다.

다음으로, 오른쪽부터 한 자리씩이 아니라 두 자리씩 지우는 경우도 생각해보자. 예를 들어 72701은 소수이며, 오른쪽에서 두 자리를 지운 727과 7 역시 소수이다. 정의를 조금 바꾸기만 해도 새로운 세계가 보이는 것이 숫자의 재미있는 점이다.

⚠️ **n자리 순수 소수가 존재하지 않으면, $n+1$자리 순수 소수도 존재하지 않는다. 따라서 순수 소수는 유한 개만 존재한다. 구체적인 예시를 통해 일반화하는 습관을 들이도록 하자.**

3.5 친근한 달력에서 소수 찾기

자동차 번호판, 호텔방 번호, 주소의 번지, 날짜나 시각 등 우리 주변에는 숫자들이 넘친다. 여기서는 그중 날짜에 주목해보자.

예를 들어 3월 3일을 '303', 4월 3일을 '403', 11월 14일을 '1114'와 같이 숫자로 표기하면, 어떤 날이 소수가 될까? 당신의 생일은 소수일까? 국경일 중에 소수의 날은 있을까? 소수가 연속하는 날은 있을까? ……이렇게 여러 의문이 떠오른다.

먼저, 소수의 날을 월별로 살펴보자.

1월: 7일

101	102	103	104	105	106	107
108	109	110	111	112	113	114
115	116	117	118	119	120	121
122	123	124	125	126	127	128
129	130	131				

201	202	203	204	205	206	207
208	209	210	211	212	213	214
215	216	217	218	219	220	221
222	223	224	225	226	227	228
229						

301	302	303	304	305	306	307
308	309	310	311	312	313	314
315	316	317	318	319	320	321
322	323	324	325	326	327	328
329	330	331				

401	402	403	404	405	406	407
408	409	410	411	412	413	414
415	416	417	418	419	420	421
422	423	424	425	426	427	428
429	430					

501	502	503	504	505	506	507
508	509	510	511	512	513	514
515	516	517	518	519	520	521
522	523	524	525	526	527	528
529	530	531				

601	602	603	604	605	606	607
608	609	610	611	612	613	614
615	616	617	618	619	620	621
622	623	624	625	626	627	628
629	630					

7월: 4일

701	702	703	704	705	706	707
708	709	710	711	712	713	714
715	716	717	718	719	720	721
722	723	724	725	726	727	728
729	730	731				

8월: 6일

801	802	803	804	805	806	807
808	809	810	811	812	813	814
815	816	817	818	819	820	821
822	823	824	825	826	827	828
829	830	831				

9월: 4일

901	902	903	904	905	906	907
908	909	910	911	912	913	914
915	916	917	918	919	920	921
922	923	924	925	926	927	928
929	930					

10월: 5일

1001	1002	1003	1004	1005	1006	1007
1008	1009	1010	1011	1012	1013	1014
1015	1016	1017	1018	1019	1020	1021
1022	1023	1024	1025	1026	1027	1028
1029	1030	1031				

11월: 5일

1101	1102	1103	1104	1105	1106	1107
1108	1109	1110	1111	1112	1113	1114
1115	1116	1117	1118	1119	1120	1121
1122	1123	1124	1125	1126	1127	1128
1129	1130					

1201	1202	1203	1204	1205	1206	1207
1208	1209	1210	1211	1212	1213	1214
1215	1216	1217	1218	1219	1220	1221
1222	1223	1224	1225	1226	1227	1228
1229	1230	1231				

소수의 날

365일 가운데 소수의 날은 58일이다. 윤년일 때는 2월 29일(229)이 소수이므로 59일이다. 대략 6일에 하루꼴로 소수의 날이 오는 것이다.

2026년 국경일과 주요 기념일을 정리한 다음 표를 살펴보자.

신정	101	소수
설날	217(연도에 따라 다름)	합성수
삼일절	301	합성수
식목일	405	합성수
4·19혁명 기념일	419	소수
과학의 날	421	소수
근로자의 날	501	합성수
어린이날	505	합성수
어버이날	508	합성수
부처님오신날	524(연도에 따라 다름)	합성수
현충일	606	합성수
제헌절	717	합성수
광복절	815	합성수
추석	925(연도에 따라 다름)	합성수
국군의 날	1001	합성수
개천절	1003	합성수

한글날	1009	소수
순국선열의 날	1117	소수
성탄절	1225	합성수

다만 연도에 따라 날짜가 바뀌는 국경일도 많기 때문에, 소수의 날이 더 많아지는 해도 있을 수 있다.

연속하는 소수의 날

소수의 날이 연속하는 경우는 존재할까?

2를 제외한 짝수는 모두 합성수이므로, 달을 넘어야만 가능하다. 실제로 섣달그믐날(1231)과 신정(101)은 모두 소수이며, 연속하는 소수의 날이다. 또한 3월 31일(331)과 4월 1일(401)도 모두 소수이며, 연속하는 소수의 날이다.

이처럼 소수의 날이 연속하는 경우는 이 두 조합뿐이다. 해와 달을 넘어서는 두 경우만 연속된 소수라니, 정말 아름답다.

(!) **어떤 수가 소수인지 아닌지를 판정하는 일은, 숫자가 커질수록 특히 쉽지 않다. 하지만 일상에서 접하는 숫자가 소수인지 확인해보면, 재미있는 현상을 발견할 때가 있다.**

(!) **합성수는 소인수분해를 해보면 그 구조가 드러나기도 한다. 숫자의 '근본'인 소수를 의식하는 것이 바로 '숫자 감각'을 기르는 중요한 첫걸음이다.**

제곱수를 탐구하며 수학 센스 연마하기

중학교 1학년 때 우리는 수를 새로운 방식으로 표현하는 '지수'를 공부하게 된다. 수를 제곱하거나 세제곱을 해보는데, 다시 말해 거듭제곱을 통해 수의 새로운 성질과 특징을 알아낼 수 있다.

이 장에서는 제곱수에 주목하려 한다. 포인트는 다음 3가지이다. 구구단 표를 보며 기른 센스를 살려 도전해보자.

- ✓ **제곱수 표에서 '대칭성'을 찾아보자.**
- ✓ **제곱수 표에 숨어 있는 '숫자의 규칙성'을 발견하자.**
- ✓ **원래 수와 제곱수 사이에 '흥미로운 관계'가 존재하는지 살펴보자.**

4.1 '수의 배열' 탐구하기

먼저 1부터 100까지의 수를 제곱한 수(제곱수)를 표로 나타내보자.

1^2	2^2	3^2	4^2	5^2	6^2	7^2	8^2	9^2	10^2
1	4	9	16	25	36	49	64	81	100
11^2	12^2	13^2	14^2	15^2	16^2	17^2	18^2	19^2	20^2
121	144	169	196	225	256	289	324	361	400
21^2	22^2	23^2	24^2	25^2	26^2	27^2	28^2	29^2	30^2
441	484	529	576	625	676	729	784	841	900
31^2	32^2	33^2	34^2	35^2	36^2	37^2	38^2	39^2	40^2
961	1024	1089	1156	1225	1296	1369	1444	1521	1600
41^2	42^2	43^2	44^2	45^2	46^2	47^2	48^2	49^2	50^2
1681	1764	1849	1936	2025	2116	2209	2304	2401	2500
51^2	52^2	53^2	54^2	55^2	56^2	57^2	58^2	59^2	60^2
2601	2704	2809	2916	3025	3136	3249	3364	3481	3600
61^2	62^2	63^2	64^2	65^2	66^2	67^2	68^2	69^2	70^2
3721	3844	3969	4096	4225	4356	4489	4624	4761	4900
71^2	72^2	73^2	74^2	75^2	76^2	77^2	78^2	79^2	80^2
5041	5184	5329	5476	5625	5776	5929	6084	6241	6400
81^2	82^2	83^2	84^2	85^2	86^2	87^2	88^2	89^2	90^2
6561	6724	6889	7056	7225	7396	7569	7744	7921	8100
91^2	92^2	93^2	94^2	95^2	96^2	97^2	98^2	99^2	100^2
8281	8464	8649	8836	9025	9216	9409	9604	9801	10000

제곱한 수의 일의 자리는 1, 4, 9, 6으로 이어지고, 5가 나온 후에는 6, 9, 4, 1이라는 반대 순서로 이어진다. 그리고 0이 나온 후에는 다시 1, 4, 9, 6이 이어진다.

놀랍게도 십의 자리까지 같이 보면, 원래 수는 25를 반환점으로 찍고 돌아온다는 사실을 알 수 있다. 24^2과 26^2에서 끝의 두 자리는 76, 23^2과 27^2에서 끝의 두 자리는 29, 22^2과 28^2에서 끝의 두 자리는 84, 21^2과 29^2에서 끝의 두 자리는 41, 20^2과 30^2에서 끝의 두 자리는 100, 19^2과 31^2에서 끝의 두 자리는 61로 이어진다.

이것이 단순한 우연이 아니라는 사실은 25를 중심으로 숫자를 보면 알 수 있다. 중학교 3학년에서 배우는 제곱 공식 「$(a+b)^2 = a^2 + 2ab + b^2$, $(a-b)^2 = a^2 - 2ab + b^2$」을 사용해보자.

$$24^2 = (25-1)^2 = 25^2 - 2 \times 25 \times 1 + 1^2 = 625 - 50 + 1$$
$$26^2 = (25+1)^2 = 25^2 + 2 \times 25 \times 1 + 1^2 = 625 + 50 + 1$$

$625 - 50 = 575$, $625 + 50 = 675$로 끝의 두 자리가 같은데 여기에 1씩 더했으므로, 결국 끝의 두 자리가 같은 것이다.

$$23^2 = (25-2)^2 = 25^2 - 2 \times 25 \times 2 + 2^2 = 625 - 100 + 4$$
$$27^2 = (25+2)^2 = 25^2 + 2 \times 25 \times 2 + 2^2 = 625 + 100 + 4$$
$$22^2 = (25-3)^2 = 25^2 - 2 \times 25 \times 3 + 3^2 = 625 - 150 + 9$$
$$28^2 = (25+3)^2 = 25^2 + 2 \times 25 \times 3 + 3^2 = 625 + 150 + 9$$

이런 식이다.

'추측'해서 확인하기

이제 구조가 보이기 시작했다. 그렇다면 끝의 세 자리가 반환하는 지점은, 끝의 두 자리에서는 25였던 부분이 250이 되지 않을까 예상이 가능하다. 하지만 이렇게 추측으로만 끝내면 의미가 없다. 직접 확인해보는 것이 중요하다.

실제로 250 부근을 계산해보자.

246^2	247^2	248^2	249^2	250^2	251^2	252^2	253^2	254^2
60516	61009	61504	62001	62500	63001	63504	64009	64516

$$249^2 = (250 - 1)^2 = 250^2 - 2 \times 250 \times 1 + 1^2$$

$$= 62500 - 500 + 1$$

$$251^2 = (250 + 1)^2 = 250^2 + 2 \times 250 \times 1 + 1^2$$

$$= 62500 + 500 + 1$$

$62500 - 500 = 62000$, $62500 + 500 = 63000$으로 끝의 세 자리가 같다. 여기에 1씩 더했으므로 끝의 세 자리는 계속 같다. 이는 끝의 두 자리 때와 같은 원리다.

이렇게 보면 $17^2 = 289$이고 $250 + (250 - 17) = 483$이므로, 483^2의 끝 세 자리는 289라는 사실을 알 수 있다. 실제로 계산해보면 $483^2 = 233289$이다.

⚠ **이처럼 발견한 사실의 이유를 일반적으로 나타내면 '구조'가 보이기 때문에, 계산을 많이 하지 않고도 끝의 세 자리가 되돌아오는 지점을 발견할 수 있다.**

4.2 '끝자리 수'가 변하지 않는 수는?

$1^2 = 1$, $5^2 = 25$, $6^2 = 36$, $11^2 = 121$이므로, 1, 5, 6, 11은 제곱해도 일의 자리가 변하지 않는다. 더 나아가 $25^2 = 625$는 끝의 두 자리가 변하지 않는다.

끝의 두 자리가 변하지 않는 수는 일의 자리가 1, 5, 6 중 하나라는 사실을 염두에 두고 구체적으로 찾아보자.

왜냐하면 두 자릿수의 십의 자리를 a, 일의 자리를 b라고 했을 때, $(10a+b)^2 = 100a^2 + 20ab + b^2 = 10 \times (10a^2 + 2ab) + b^2$이 성립하여 b^2의 일의 자리가 두 자릿수의 일의 자리와 일치하기 때문이다.

11^2	21^2	31^2	41^2	51^2	61^2	71^2	81^2	91^2
121	441	961	1681	2601	3721	5041	6561	8281
15^2	25^2	35^2	45^2	55^2	65^2	75^2	85^2	95^2
225	625	1225	2025	3025	4225	5625	7225	9025
16^2	26^2	36^2	46^2	56^2	66^2	76^2	86^2	96^2
256	676	1296	2116	3136	4356	5776	7396	9216

새롭게 $76^2 = 5776$을 찾았다.

이번에는 세 자릿수를 계산해보자. 세 자릿수에서 백의 자리를 a, 끝의 두 자리를 b로 뒀을 때,

$$(100a+b)^2 = 10000a^2 + 200ab + b^2$$
$$= 100 \times (100a^2 + 2ab) + b^2$$

이렇게 되면 끝 두 자리는 b^2의 끝 두 자리와 일치한다. 따라서 알아볼 수 있는 수는 끝 두 자리가 25와 76인 수로 제한된다.

125^2	225^2	325^2	425^2	525^2	625^2	725^2	825^2	925^2
15625	50625	105625	180625	275625	390625	525625	680625	855625
176^2	276^2	376^2	476^2	576^2	676^2	776^2	876^2	976^2
30976	76176	141376	226576	331776	456976	602176	767376	952576

끝 세 자리가 바뀌지 않은 376과 625($376^2 = 141376$, $625^2 = 390625$)를 찾

았다.

$625 = 25^2$이므로, $5^2 = 25$, $25^2 = 625$, $625^2 = 390625$로 이어진다. 여기서 더 나아가면,

$$390625^2 = 152587890625$$

이렇게 되기 때문에 십만 자리가 3이 아니라 8이 되어 끝자리가 바뀌게 된다.

한편, 76은 일의 자리가 6으로 공통되지만, $6^2 = 36$과는 다르다. 또한 376은 십의 자리와 일의 자리가 76으로 공통된다.

아름다운 숫자 나열이 나타난다

다음으로 끝 세 자리가 376, 또는 625인 네 자릿수를 계산해보자.

0376^2	1376^2	2376^2	3376^2	4376^2
141376	1893376	5645376	11397376	19149376
5376^2	6376^2	7376^2	8376^2	9376^2
28901376	40653376	54405376	70157376	87909376

0625^2	1625^2	2625^2	3625^2	4625^2
390625	2640625	6890625	13140625	21390625
5625^2	6625^2	7625^2	8625^2	9625^2
31640625	43890625	58140625	74390625	92640625

$9376^2 = 87909376$을 찾았다. 625를 0625로 간주하면, 0625도 끝 네 자리가 바뀌지 않는 수다.

다음으로 9376과 0625를 끝 네 자리로 가지는 다섯 자릿수의 제곱을 계산해보자.

09376^2	19376^2	29376^2	39376^2	49376^2
87909376	375429376	862949376	1550469376	2437989376
59376^2	69376^2	79376^2	89376^2	99376^2
3525509376	4813029376	6300549376	7988069376	9875589376

00625^2	10625^2	20625^2	30625^2	40625^2
390625	112890625	425390625	937890625	1650390625
50625^2	60625^2	70625^2	80625^2	90625^2
2562890625	3675390625	4987890625	6500390625	8212890625

$09376^2 = 87909376$과 $90625^2 = 8212890625$를 찾았다.

더 나아가 09376과 90625를 끝 다섯 자리로 가지는 여섯 자릿수의 제곱을 계산해보자.

009376^2	109376^2	209376^2	309376^2	409376^2
87909376	11963109376	43838309376	95713509376	167588709376
509376^2	609376^2	709376^2	809376^2	909376^2
259463909376	371339109376	503214309376	655089509376	826964709376

090625^2	190625^2	290625^2	390625^2	490625^2
8212890625	36337890625	84462890625	152587890625	240712890625
590625^2	690625^2	790625^2	890625^2	990625^2
348837890625	476962890625	625087890625	793212890625	981337890625

$109376^2 = 11963109376$과 $890625^2 = 793212890625$를 찾았다. 사실 이러한 수가 계속 이어진다고 밝혀져 있다.

나타난 수를 나열하면 어떤 특징이 보일까?

| 5 | 25 | 625 | 0625 | 90625 | 890625 | ⋯ |
| 6 | 76 | 376 | 9376 | 09376 | 109376 | ⋯ |

먼저 $5+6$, $25+76$, ⋯ 처럼 세로로 나열된 수를 더해보자.

| 11 | 101 | 1001 | 10001 | 100001 | 1000001 | ⋯ |

놀랍게도 양쪽 끝에 1이 있고, 그 사이에 0이 끼어 있는 아름다운 숫자 배열이 나타난다.

다음으로 5×6, 25×76, ⋯ 처럼 세로로 나열된 수를 곱해보면,

| 30 | 1900 | 235000 | 5860000 | 849700000 | 97413000000 | ⋯ |

모든 수의 끝자리에 0이 올 뿐만 아니라, 0이 하나씩 늘어나는 모습도 확인할 수 있다.

이 아름다운 수열은 발견자인 야콥 페렐만(1882~1942)의 이름을 따 '페렐만 수열'이라고 불린다.

$45^2 = 2025$라는 수에 대해 생각해보자.

2025를 반으로 나누어 더하면 $20+25=45$가 되어 원래 수와 같아진다. 비슷한 예로 $55^2 = 3025$($30+25=55$)나 $99^2 = 9801$($98+1=99$)도 있다.

$100^2 = 10000$의 경우, 끝 두 자리로 나누어 $100+00=100$으로 볼지, 끝의 세 자리로 나누어 $10+000=10$으로 볼지에 따라 조건 충족 여부가 달

라진다. 100＋00＝100으로 보면 100은 조건을 만족한다.

하지만 '제곱해서 다섯 자릿수가 되는 세 자릿수' 중에서 앞부분과 뒷부분을 나눠서 더했을 때 원래 수와 같아지는 수는 100을 제외하고는 없다. 이를 확인해보자.

$316^2 = 99856$인데, $317^2 = 100489$로 여섯 자리가 되므로 '제곱해서 다섯 자릿수가 되는 세 자릿수'는 316까지만 알아보면 된다.

$101^2 = 10201$이기 때문에 102＋01＝103이 되고, 앞의 세 자리가 101보다 이미 커서 합은 절대 101이 되지 않는다. $102^2 = 10404$도 마찬가지이며, 316까지 쭉 살펴봐도 더했을 때 수가 원래 수보다 크기 때문에 조건을 만족하는 수는 존재하지 않는다.

이번에는 조건을 바꿔보자. '다섯 자릿수를 앞의 두 자리와 뒤의 세 자리로 나눠서 더하기'로 바꿔서 10＋000＝10으로 보면, 100은 조건을 만족하지 않는다. 하지만 '제곱해서 다섯 자릿수가 되는 세 자릿수' 중에서, '앞의 두 자리와 뒤의 두 자리로 나눠서 더하기'라는 조건을 만족하는 경우가 오직 하나 존재한다.

여러분은 $297^2 = 88209\,(88＋209)$를 찾아냈을까?

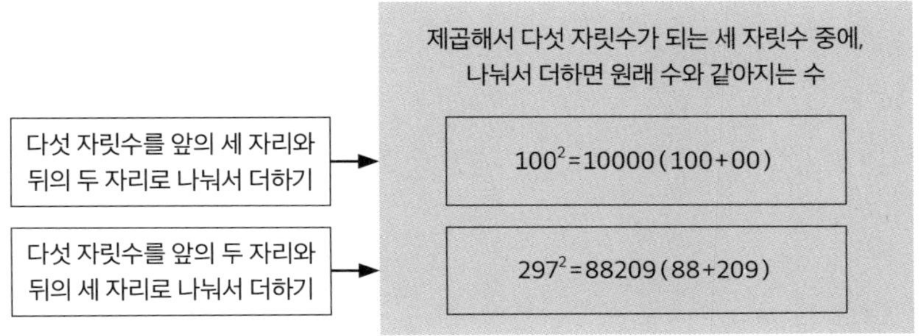

카프리카 수란?

제곱한 수가 짝수 자리인 경우는 반으로 나누고, 홀수($2n+1$) 자리인 경우는 n자리와 $n+1$자리로 나눠서 더한다. 이런 방식으로 구해지는 수를 '카프리카 수'라 부른다. 이 이름은 인도인 수학자 D. R. 카프리카(1905~1986)에게서 유래했다.

카프리카 수는 $9(9^2=81)$, $45(45^2=2025)$, $55(55^2=3025)$, $99(99^2=9801)$, $297(297^2=88209)$, $703(703^2=494209)$, $999(999^2=998001)$, $2223(2223^2=4941729)$, $2728(2728^2=7441984)$ 등이 있다.

$9999^2=99980001$, $99999^2=9999800001$이므로, $9999=9998+1$, $99999=99998+1$이 되어 이 역시 카프리카 수다.

일반적으로 9가 이어지는 수는 카프리카 수이므로 카프리카 수는 무한히 존재한다.

⚠ **구구단 표는 두 자릿수까지 있기 때문에 수를 더하면서 탐구를 진행했다. 그런데 큰 수의 경우는 그 수를 반으로 나눠 더해보면 특징을 가진 수가 모습을 드러내기도 한다. 이렇게 수의 크기에 맞춰 관점을 달리하면, 새로운 수의 성질을 발견할 수 있다.**

3, 4, 5제곱수를 탐구하며 수학 센스 연마하기

앞 장에서는 제곱수에 주목해 그 '대칭성'과 '규칙성'을 살펴봤다. 이 장에서는 거듭제곱을 더 확장해 세제곱, 네제곱, 다섯제곱으로 넓혀보려고 한다. 과연 제곱한 수에서 보였던 현상과 비슷한 모습이 나타날까?

이 장의 포인트는 다음 3가지다. 제곱수와 비교하면서 그 차이를 확인해보자.

- ⊘ 세제곱, 네제곱, 다섯제곱수의 표에서 '대칭성'을 살펴보자.
- ⊘ 세제곱, 네제곱, 다섯제곱수의 표에 나타나는 '숫자의 규칙성'을 찾아보자.
- ⊘ 원래 수와 세제곱, 네제곱, 다섯제곱 사이에 '재미있는 관계'가 있는지 확인해보자.

5.1 세제곱수

먼저 세제곱수를 살펴보자. 다음 표에 50까지의 수를 세제곱한 값을 정리했다.

1^3	2^3	3^3	4^3	5^3	6^3	7^3	8^3	9^3	10^3
1	8	27	64	125	216	343	512	729	1000
11^3	12^3	13^3	14^3	15^3	16^3	17^3	18^3	19^3	20^3
1331	1728	2197	2744	3375	4096	4913	5832	6859	8000
21^3	22^3	23^3	24^3	25^3	26^3	27^3	28^3	29^3	30^3
9261	10648	12167	13824	15625	17576	19683	21952	24389	27000
31^3	32^3	33^3	34^3	35^3	36^3	37^3	38^3	39^3	40^3
29791	32768	35937	39304	42875	46656	50653	54872	59319	64000
41^3	42^3	43^3	44^3	45^3	46^3	47^3	48^3	49^3	50^3
68921	74088	79507	85184	91125	97336	103823	110592	117649	125000

제곱수에서처럼 뚜렷한 '숫자 배열의 대칭성'은 보이지 않는다.

하지만 25를 기준으로 살펴보면, 24^3과 26^3의 끝 두 자리를 더했을 때 $24+76=100$이 된다.

마찬가지로 23^3과 27^3의 끝 두 자리를 더하면 $67+83=150$, 22^3과 28^3의 끝 두 자리를 더하면 $48+52=100$, 21^3과 29^3의 끝 두 자리를 더하면 $61+89=150$, 20^3과 30^3의 끝 두 자리를 더하면 $00+00=00$이다.

또한 19^3과 31^3의 끝 두 자리를 더하면 $59+91=150$, 18^3과 32^3의 끝 두 자리를 더하면 $32+68=100$이다.

끝자리 수가 변하지 않는 수 찾기

이어서 제곱수 때와 마찬가지로 '끝자리 수'가 변하지 않는 수를 찾아보자.

한 자릿수에서는 $1(1^3=1)$, $4(4^3=64)$, $5(5^3=125)$, $6(6^3=216)$, $9(9^3=729)$의 끝자리가 변하지 않는다. 50까지 살펴보면, $24(24^3=13824)$, $25(25^3=15625)$, $49(49^3=117649)$도 마찬가지다.

일의 자리가 1, 4, 5, 6, 9이면서 끝자리 수가 변하지 않는 수를 100

까지 넓혀보면, $51(51^3=132651)$, $75(75^3=421875)$, $76(76^3=438976)$, $99(99^3=970299)$가 있다.

그렇다면 세 자릿수에서는 어떨까?

$125(125^3=1953125)$, $249(249^3=15438249)$, $251(251^3=15813251)$, $375(375^3=52734375)$, $376(376^3=53157376)$, $499(499^3=124251499)$, $501(501^3=125751501)$, $624(624^3=242970624)$, $625(625^3=244140625)$, $749(749^3=420189749)$, $751(751^3=423564751)$, $875(875^3=669921875)$, $999(999^3=997002999)$가 있다.

이들을 표로 정리해보자.

24	25	49	51	75	76	99
125	249	251	375	376	499	
501	624	625	749	751	875	999

$25, 76, 376, 625$는 제곱수 때와 똑같다. 그 이유를 생각해보자.

$$25^3 = 25^2 \times 25 = 625 \times 25 = (600+25) \times 25$$
$$= 600 \times 25 + 25^2$$
$$76^3 = 76^2 \times 76 = 5776 \times 76 = (5700+76) \times 76$$
$$= 5700 \times 76 + 76^2$$
$$376^3 = 376^2 \times 376 = 141376 \times 376 = (141000+376) \times 376$$
$$= 141000 \times 376 + 376^2$$
$$625^3 = 625^2 \times 625 = 390625 \times 625 = (390000+625) \times 625$$
$$= 390000 \times 625 + 625^2$$

마지막 항에서 끝의 두 자리와 끝의 세 자리가 결정되므로, 각 수의 형태가 바뀌지 않는다는 사실을 알 수 있다. 이 관점은 자릿수가 커져도 그대로 이어진다. 따라서 제곱수에서 끝자리가 변하지 않았던 수는 세제곱을 해도 끝자리가 변하지 않는다. 결국 이런 수들은 계속 이어지게 되며, 영원히 변하지 않는 수가 존재한다는 사실을 확인할 수 있다.

'=100'이 되는 이유

다른 관점에서 보자. 99를 제외하면 24+76=100, 25+75=100, 49+51=100처럼 '숫자 배열의 대칭성'이 성립한다. 1을 01로 본다면, 1이어도 성립하기 때문에 1+99=100도 같은 원리로 볼 수 있다.

세 자릿수도 마찬가지다. 999를 제외하면, 1000이 되는 조합을 만들 수 있다.

이런 현상이 일어나는 이유를 찾으려면 고등학교에서 배우는 공식을 사용해야 하지만, 여기서는 간단히 설명하겠다.

「$(a+b)^3 = a^3 + 3a^2b + 3ab^2 + b^3$」을 사용하면 이렇게 된다.

$$51^3 = \{100 + (-49)\}^3$$
$$= 100^3 + 3 \times 100^2 \times (-49) + 3 \times 100 \times (-49)^2 + (-49)^3$$
$$= \{100^2 + 3 \times 100 \times (-49) + 3 \times (-49)^2\} \times 100 - 49^3$$

따라서 끝 두 자리가 00인 수에서 49를 뺀 값이 끝 두 자리에 오게 되므로, 결과적으로 51임을 알 수 있다.

네 자릿수에서는?

세 자릿수에 이어 네 자릿수에서도 같은 현상이 계속되는지 확인해보자. 조건을 바꿨을 때 어떤 변화가 일어나는지 살펴보는 것도 '수학 센스'를 기르는 데 중요한 단계다.

예를 들어 125에 이어지는 수를 실제로 계산해보자.

0125^3	1125^3	2125^3	3125^3	4125^3
1953125	1423828125	9595703125	30517578125	70189453125
5125^3	6125^3	7125^3	8125^3	9125^3
134611328125	229783203125	361705078125	536376953125	759798828125

표를 보면 알 수 있듯이, 이 범위 안에서 끝 네 자리가 바뀌지 않는 수는 존재하지 않았다.

그런데 다른 수를 찾아보니, $4375^3 = 83740234375$가 있었다.

$10000 - 4375 = 5625$이고, $5625^3 = 177978515625$이므로 끝 네 자리가 분명 바뀌지 않았다. 4375와 5625는 각각 제곱했을 때는 끝자리가 바뀌는데($4375^2 = 19140625$, $5625^2 = 31640625$), 그렇다면 세제곱을 했을 때는 이런 성질이 몇 자리까지 이어질까? 한번 생각해보자.

그리고 세제곱해서 나타난 수에서도 특징을 발견할 수 있을까? 제곱수에서 소개한 카프리카 수처럼, '수를 나눠서 더하기'도 생각해볼 수 있다. 하지만 세제곱수에서는 숫자가 너무 커지기 때문에 원래의 수와 일치하지 않는다.

그래서 이번에는 세제곱수의 모든 자릿수를 더해 합을 구해보려고 한다. 50까지 계산해본 결과, 원래 수와 일치하는 숫자는 17, 18, 26, 27까지 4개 있었다.

1	2	3	4	5	6	7	8	9	10
1	8	9	10	8	9	10	8	18	1
11	12	13	14	15	16	17	18	19	20
8	18	19	17	18	19	17	18	28	8
21	22	23	24	25	26	27	28	29	30
18	19	17	18	19	26	27	19	26	9
31	32	33	34	35	36	37	38	39	40
28	26	27	19	26	27	19	26	27	10
41	42	43	44	45	46	47	48	49	50
26	27	28	26	18	28	17	18	28	8

28보다 큰 수에서는 모든 자리의 숫자 합이 원래 수보다 작은 경우만 나타나며, 뚜렷한 규칙성은 보이지 않는다.

(!) **세제곱수는 제곱수와 동일하지는 않지만, 비슷한 현상이 나타나는 것을 확인할 수 있다. 이 밖에도 여러 경우를 직접 시험해보자.**

5.2 네제곱수

네제곱수에서는 어떤 특징을 발견할 수 있을까? 세제곱수와 마찬가지로, 50 이하의 수를 네제곱한 값을 다음 표에 정리했다.

1^4	2^4	3^4	4^4	5^4
1	16	81	256	625
6^4	7^4	8^4	9^4	10^4
1296	2401	4096	6561	10000
11^4	12^4	13^4	14^4	15^4
14641	20736	28561	38416	50625
16^4	17^4	18^4	19^4	20^4
65536	83521	104976	130321	160000
21^4	22^4	23^4	24^4	25^4
194481	234256	279841	331776	390625
26^4	27^4	28^4	29^4	30^4
456976	531441	614656	707281	810000
31^4	32^4	33^4	34^4	35^4
923521	1048576	1185921	1336336	1500625
36^4	37^4	38^4	39^4	40^4
1679616	1874161	2085136	2313441	2560000
41^4	42^4	43^4	44^4	45^4
2825761	3111696	3418801	3748096	4100625
46^4	47^4	48^4	49^4	50^4
4477456	4879681	5308416	5764801	6250000

세제곱수와는 다르게, 네제곱수에서는 제곱수와 비슷한 '숫자 배열의 대칭성'이 25를 중심으로 나타난다.

24^4과 26^4의 끝 두 자리는 76, 23^4과 27^4의 끝 두 자리는 41, 22^4과 28^4의 끝 두 자리는 56, 21^4과 29^4의 끝 두 자리는 81, $\cdots$, 2^4과 48^4의 끝 두 자리는 16, 1^4과 49^4의 끝 두 자리는 01이다.

제곱수와 완전히 똑같은 현상

네제곱수에서도 '끝자리 수'가 바뀌지 않는 수를 찾아보자.

한 자릿수에서는 $1(1^4 = 1)$, $5(5^4 = 625)$, $6(6^4 = 1296)$이 바뀌지 않는다. 이는 제곱수에서 봤던 현상과 똑같다.

50 이하의 수에서는 $25(25^4 = 390625)$가 있다. 또 일의 자리가 1, 5, 6인 수를 100까지 살펴보면, $76(76^4 = 33362176)$이 있다. 이 역시 제곱수와 동일한 현상이다.

흥미로운 점은 1, 5, 6, 25, 76은 세제곱수에서도 끝자리가 바뀌지 않는 수라는 점이다.

세 자릿수에서는 $376(376^4 = 19987173376)$과 $625(625^4 = 152587890625)$가 있다. 제곱수에서와 완전히 똑같은 수들이다. 어떻게 이런 현상이 생기는 걸까?

$$25^4 = 25^3 \times 25 = 15625 \times 25 = (15600 + 25) \times 25$$
$$= 15600 \times 25 + 25^2$$
$$76^4 = 76^3 \times 76 = 438976 \times 76 = (438900 + 76) \times 76$$
$$= 438900 \times 76 + 76^2$$
$$376^4 = 376^3 \times 376 = 53157376 \times 376$$
$$= (53157000 + 376) \times 376 = 53157000 \times 376 + 376^2$$
$$625^4 = 625^3 \times 625 = 244140625 \times 625$$
$$= (244140000 + 625) \times 625 = 244140000 \times 625 + 625^2$$

마지막 항에서 끝 두 자리와 끝 세 자리 수가 결정되기 때문에, 각각 숫자가 바뀌지 않는다는 사실을 알 수 있다.

이들 수는 다섯제곱, 여섯제곱을 해도 끝자리 수가 바뀌지 않는다. 따라서 어떤 자연수를 거듭제곱하더라도 끝자리 수가 바뀌지 않는 수들이 있다는 것을 알 수 있다.

다음으로, 네제곱수의 모든 자리를 더한 합을 계산해보자.

1	2	3	4	5	6	7	8	9	10
1	7	9	13	13	18	7	19	18	1
11	12	13	14	15	16	17	18	19	20
16	18	22	22	18	25	19	27	10	7
21	22	23	24	25	26	27	28	29	30
27	22	31	27	25	37	18	28	25	9
31	32	33	34	35	36	37	38	39	40
22	31	27	25	19	36	28	25	18	13
41	42	43	44	45	46	47	48	49	50
31	27	25	37	18	37	43	27	31	13

22, 25, 28, 36은 원래 수와 일치한다. 그러나 37 이상은 원래 수보다 작아지는 경향이 보인다. 네제곱수에서도 뚜렷한 규칙성은 발견되지 않는다.

(!) **네제곱은 제곱의 제곱이므로, 네제곱수에는 제곱수와 비슷한 성질이 나타나기 쉽다. 거듭제곱을 네제곱까지 확인해보면, 일반적인 n제곱의 성질을 엿볼 수 있다.**

5.3 다섯제곱수

지금까지 했던 것처럼, 50 이하의 수를 다섯제곱해보자.

1^5	2^5	3^5	4^5	5^5
1	32	243	1024	3125
6^5	7^5	8^5	9^5	10^5
7776	16807	32768	59049	100000
11^5	12^5	13^5	14^5	15^5
161051	248832	371293	537824	759375
16^5	17^5	18^5	19^5	20^5
1048576	1419857	1889568	2476099	3200000
21^5	22^5	23^5	24^5	25^5
4084101	5153632	6436343	7962624	9765625
26^5	27^5	28^5	29^5	30^5
11881376	14348907	17210368	20511149	24300000
31^5	32^5	33^5	34^5	35^5
28629151	33554432	39135393	45435424	52521875
36^5	37^5	38^5	39^5	40^5
60466176	69343957	79235168	90224199	102400000
41^5	42^5	43^5	44^5	45^5
115856201	130691232	147008443	164916224	184528125
46^5	47^5	48^5	49^5	50^5
205962976	229345007	254803968	282475249	312500000

세제곱 때와 마찬가지로 25를 중심으로 살펴보자.

24^5과 26^5의 끝 두 자리를 더하면, $24 + 76 = 100$이다. 23^5과 27^5의 끝 두 자리를 더하면 $43 + 07 = 50$, 22^5과 28^5의 끝 두 자리를 더하면 $32 + 68 = 100$, 21^5과 29^5의 끝 두 자리를 더하면 $01 + 49 = 50$, 20^5과 30^5의 끝 두 자리를 더하면 $00 + 00 = 00$이다.

또한 19^5과 31^5의 끝 두 자리를 더하면 $99 + 51 = 150$, 18^5과 32^5의 끝 두 자리를 더하면 $68 + 32 = 100$이다.

일의 자리에 주목하면, 1부터 9까지 모든 수에서 일의 자리가 바뀌지 않았다. 50까지 살펴보면, $24^5 = 7962624$, $25^5 = 9765625$, $32^5 = 33554432$, $43^5 = 147008443$, $49^5 = 282475249$로 끝자리 수가 바뀌지 않았다.

'일의 자리가 2인 두 자릿수'는 끝 두 자리에 32가 이어진다. '일의 자리가 3인 두 자릿수'는 끝 두 자리로 43과 93이 반복되고, '일의 자리가 4인 두 자릿수'는 끝 두 자리에 24가 이어진다.

이어서, 각각 일의 자리가 5인 수는 끝 두 자리에 25와 75가 반복되며, 6인 수는 76이 이어진다. 일의 자리가 7인 수는 07과 57이 반복되고, 8인 수는 68이 이어지며, 9인 수는 49와 99가 반복된다. 이 성질은 100 이하의 수에서 모두 성립한다.

따라서 다음 수들을 찾을 수 있다.

$51^5 = 345025251$, $57^5 = 601692057$, $68^5 = 1453933568$, $75^5 = 2373046875$, $76^5 = 2535525376$, $93^5 = 6956883693$, $99^5 = 9509900499$

이 수들과 끝 세 자리가 바뀌지 않는 수를 표에 정리했다.

01	07	24	25	32	43	49
51	57	68	75	76	93	99

001	125	193	249	251	307	375	376	432	443	499
501	557	568	624	625	693	749	751	807	875	999

이 표에는 세제곱 때 나왔던 수에 32, 43, 57, 68과 193, 307, 432, 443이 추가되었다.

'일반적인 홀수 거듭제곱'을 하면 어떻게 될까?

24가 세제곱 때와 똑같이 등장한 이유는 무엇일까? 그 이유를 생각해보자.

먼저 세제곱부터 살펴보자.

$$24^3 = 24^2 \times 24 = 576 \times 24 = (500 + 76) \times 24$$
$$= 500 \times 24 + 76 \times 24$$

$76 \times 24 = 1824$이므로, 24^3의 끝 두 자리가 24라는 사실을 알 수 있다. 이어서 살펴보자.

$$24^4 = 24^3 \times 24 = 13824 \times 24 = (13800 + 24) \times 24$$
$$= 13800 \times 24 + 24 \times 24$$

$24 \times 24 = 576$이므로, 24^4의 끝 두 자리가 76이라는 사실을 알 수 있다.

$$24^5 = 24^4 \times 24 = 331776 \times 24 = (331700 + 76) \times 24$$
$$= 331700 \times 24 + 76 \times 24$$

따라서 24^5의 끝 두 자리가 24라는 사실을 알 수 있다. 즉, 24는 홀수 번 거듭제곱을 했을 때 끝 두 자리가 항상 24이다.

다른 수도 같은 방식으로 생각할 수 있으므로, 세제곱에서 끝자리가 바뀌지 않는 수는 다섯제곱에서도 끝자리가 바뀌지 않는다. 더 나아가, 일반적인 홀수 거듭제곱에서도 끝자리가 바뀌지 않는다는 사실을 알 수 있다.

일곱제곱에서는 어떤 수들이 새로 나타날까? 이것은 실제로 계산해봐야 확인할 수 있다. 직접 시도해보길 바란다.

⚠️ **다섯제곱까지 잘 분석해보면, 일반적인 홀수 거듭제곱의 성질을 미리 짐작할 수 있다. '어디까지' 확인해야 수학의 '일반적인 성질'이 드러날까? 이 감각을 익히면 수학에 대한 이해가 훨씬 깊어진다.**

제 2 부

'수'를 '도형'으로 파악하는 센스 연마하기

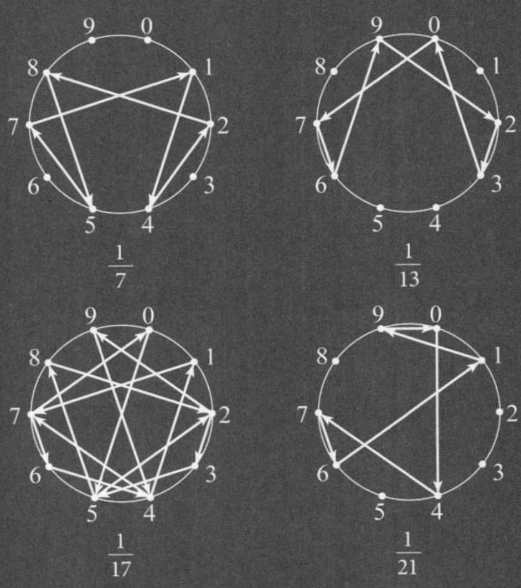

제 6 장

'피타고라스 정리'를 탐구하며 수학 센스 연마하기
– '거듭제곱수의 합'에서 나타나는 수의 세계

중학교 3학년 때 배우는 '피타고라스 정리'는 누구나 들어본 적이 있을 것이다.

직각삼각형의 세 변의 길이를 각각 a, b, c라고 할 때, $a^2 + b^2 = c^2$이라는 관계가 성립한다는 정리다. 예전에는 '삼평방의 정리'라고 부르기도 했다.

사실 피타고라스 정리는 '수'를 '도형'으로 간주한다는, 수학적으로 매우 중요한 감각을 기르는 첫걸음이다.

앞서 '수학 센스'를 다루었던 제1부에 이어, 제2부에서는 '수'를 '도형'으로 간주하는 센스를 기르는 관점을 살펴보려고 한다. 제목은 「'수'를 '도형'으로 간주하는 센스」이지만, 이는 동시에 「'도형'을 '수'로 간주하는 센스」이기도 하다는 사실을 유의하자.

제2부의 막을 여는 제6장의 포인트는 다음 3가지다.

- ✓ 피타고라스 정리 $a^2 + b^2 = c^2$을 만족하는 자연수에는 어떤 것이 있는지 살펴보고, 또 어떤 자연수가 '두 제곱수의 합'으로 나타날 수 있는지 생각해보자.
- ✓ 피타고라스 정리가 보여주는 자연수의 '도형적 의미'는 무엇일까?
- ✓ 제곱수, 세제곱수, 네제곱수를 더하면 어떤 수가 나타나는지 확인해보자.

피타고라스 정리는 '제곱수'를 활용하는 유명한 정리다. 그런 의미에서 제4장 이후로 길러온 '거듭제곱수'의 감각과 직접 연결되는 주제이기도 하다.

이 정리를 다시 복습해보면, '직각삼각형의 빗변의 길이를 제곱한 값은 다른 두 변의 길이를 각각 제곱해 더한 값과 같다'라는 내용이다.

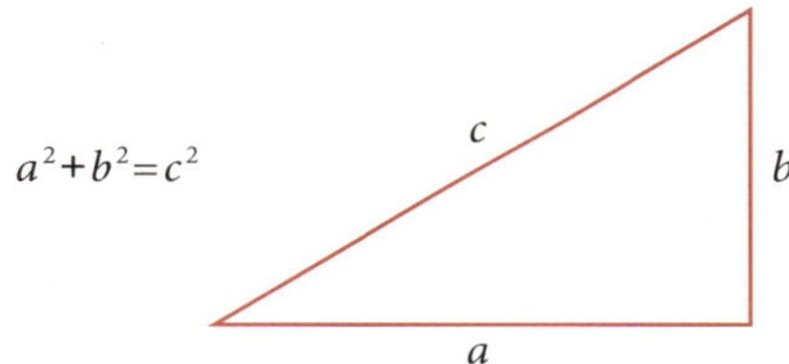

'두 제곱수의 합'으로 나타나는 가장 대표적인 자연수 조합은 $a=3$, $b=4$, $c=5$이며, 실제로 $3^2+4^2=5^2$이 성립한다. 이러한 수의 조합을 '피타고라스 수'라고 한다.

또한 피타고라스 수를 어떤 자연수 k배로 늘려도 등식은 그대로 성립한다. 예를 들어 3, 4, 5를 2배 곱한 6, 8, 10으로도 $6^2+8^2=10^2$이 성립한다. 따라서 피타고라스 수는 무한히 존재한다는 사실을 알 수 있다.

특히 세 수의 공약수가 1인 경우를 '기약 피타고라스 수'라고 하며, 이 기약 피타고라스 수를 구하는 방법도 알려져 있다.

> 기약 피타고라스 수는 다음과 같은 형태로 나타난다. 여기서 $m>n$, m과 n의 최대공약수는 1이며, m과 n은 한쪽이 홀수이고 다른 한쪽은 짝수이다.

$$x = m^2 - n^2,\ y = 2mn,\ z = m^2 + n^2$$

구체적으로 m과 n에 여러 자연수를 대입하면, 다음과 같은 값을 얻을 수 있다.

m	n	$m^2 - n^2$	$2mn$	$m^2 + n^2$
2	1	3	4	5
3	2	5	12	13
4	1	15	8	17
4	3	7	24	25
5	2	21	20	29
5	4	9	40	41
6	1	35	12	37
6	5	11	60	61
7	2	45	28	53
7	4	33	56	65
7	6	13	84	85

1954년 폴란드에서 처음 간행된 수학자 시에르핀스키의 저서 『피타고라스의 삼각형』에는 다음 문제가 미해결 문제로 실려 있다.

$(3, 4, 5)$, $(5, 12, 13)$, $(11, 60, 61)$은 이 조건을 만족한다. $\dfrac{p^2 + 1}{2}$이 소수인 소수 p가 무한히 존재한다는 사실을 증명하면, 이 미해결 문제는 '존재한다'로 해결이 된다.

(!) **피타고라스 수 자체는 널리 알려졌지만, 여기에 소수를 가지고 오면 아직 풀**

리지 않은 문제가 남는다.

6.2 피타고라스 수의 '도형적' 의미

a, b, c가 피타고라스 수이고 $a^2 + b^2 = c^2$이 성립한다고 하자. 양변을 c^2로 나누면, $\left(\dfrac{a}{c}\right)^2 + \left(\dfrac{b}{c}\right)^2 = 1^2$을 얻을 수 있다. 이는 빗변이 1이고 두 변의 길이가 분수(유리수)로 나타나는 직각삼각형이 존재한다는 것을 의미한다.

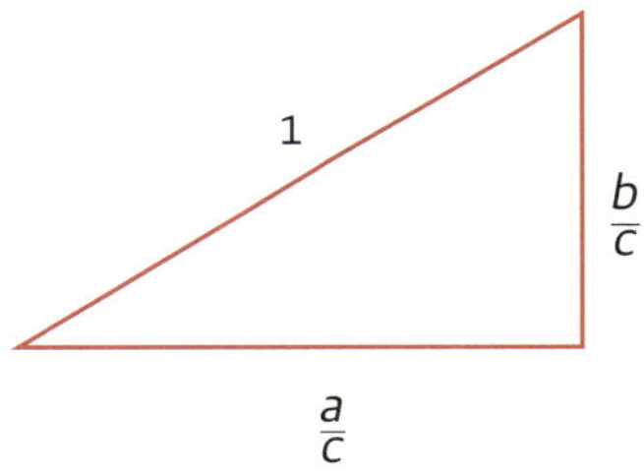

각 피타고라스 수 $(3, 4, 5)$, $(5, 12, 13)$, $(15, 8, 17)$, $(7, 24, 25)$, $(21, 20, 29)$의 빗변을 모두 1이라고 두면, 다음과 같은 식이 성립한다.

$$\left(\frac{3}{5}\right)^2 + \left(\frac{4}{5}\right)^2 = 1^2, \quad \left(\frac{5}{13}\right)^2 + \left(\frac{12}{13}\right)^2 = 1^2, \quad \left(\frac{15}{17}\right)^2 + \left(\frac{8}{17}\right)^2 = 1^2,$$

$$\left(\frac{7}{25}\right)^2 + \left(\frac{24}{25}\right)^2 = 1^2, \quad \left(\frac{21}{29}\right)^2 + \left(\frac{20}{29}\right)^2 = 1^2$$

이러한 길이의 변을 가진 직각삼각형들을, 빗변의 한 꼭짓점이 겹치도록 그려보면 원이 나타난다. 그리고 이 꼭짓점을 원점으로 두고 좌표평면 위에

놓으면, 피타고라스 수는 원점을 중심으로 반지름이 1인 원의 둘레 위에 놓이게 된다. 이때 그 점의 x좌표와 y좌표는 모두 유리수이다.

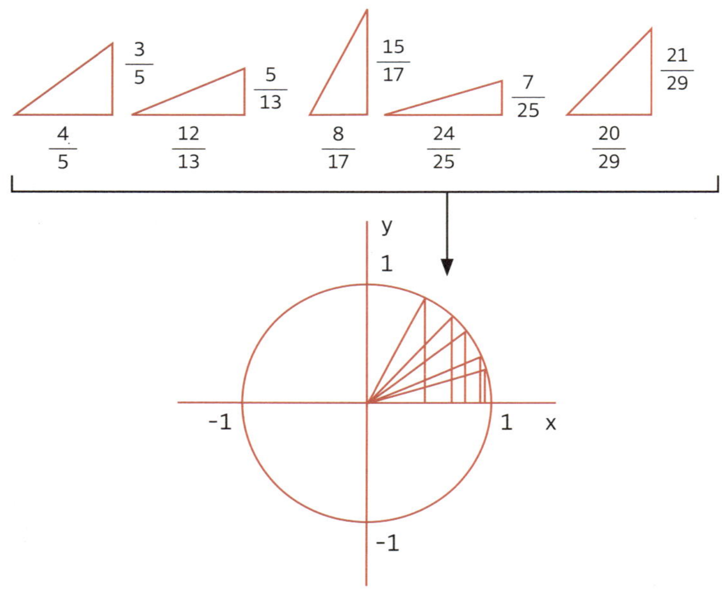

또한 좌표평면 위에서 $x^2 + y^2 = 1$을 만족하는 점 전체는 원점을 중심으로 반지름이 1인 원을 그린다. 이러한 원을 '단위원'이라고 한다.

반대로 좌표평면 위에서 $x^2 + y^2 = 1$을 만족하면서 x좌표와 y좌표가 모두 유리수인 점 $\left(\dfrac{m}{n}, \dfrac{l}{k} \right)$이 있다고 하자.

$\left(\dfrac{m}{n} \right)^2 + \left(\dfrac{l}{k} \right)^2 = 1^2$이 성립하므로 $(km)^2 + (nl)^2 = (nk)^2$이며, 피타고라스 수 (km, nl, nk)가 대응한다.

⚠ **피타고라스 수는 좌표평면 위에서 $x^2 + y^2 = 1$을 만족하면서 x좌표와 y좌표**

6.3 페르마의 마지막 정리

피타고라스 정리는 세 수를 각각 제곱해 합으로 묶은 형태를 취하고 있다.

그렇다면 제곱 대신 세제곱이나 네제곱을 하면 어떻게 될까? 즉 $a^3 + b^3 = c^3$이나 $a^4 + b^4 = c^4$을 만족하는 정수해 조합 a, b, c가 존재할까 하는 의문이 자연스럽게 생긴다. 그러나 세제곱수나 네제곱수의 표를 살펴봐도, 이 등식이 성립하는 수는 전혀 찾을 수 없다.

이 의문을 일반화한 것이 바로 피에르 드 페르마(1607~1665)가 제창한 난제로, 오늘날 '페르마의 마지막 정리'라고 불린다.

페르마의 마지막 정리

n을 3 이상의 자연수로 둘 때, $a^n + b^n = c^n$은 정수해를 갖지 않는다.

페르마의 마지막 정리는 1995년 앤드류 와일즈가 완전히 증명했다.

$a^n + b^n = c^n$을 만족하는 자연수 a, b, c가 존재할 때, c^n으로 양변을 나누면 $\left(\dfrac{a}{c}\right)^n + \left(\dfrac{b}{c}\right)^n = 1$이 된다. 피타고라스 수와 같은 방식으로 생각하면, $x^n + y^n = 1$을 만족하면서 x좌표와 y좌표가 모두 0이 아닌 유리수 점은 존재하지 않는다는 뜻이다.

$x^3 + y^3 = 1$이나 $x^4 + y^4 = 1$은 다음 그림과 같이 표현할 수 있다.

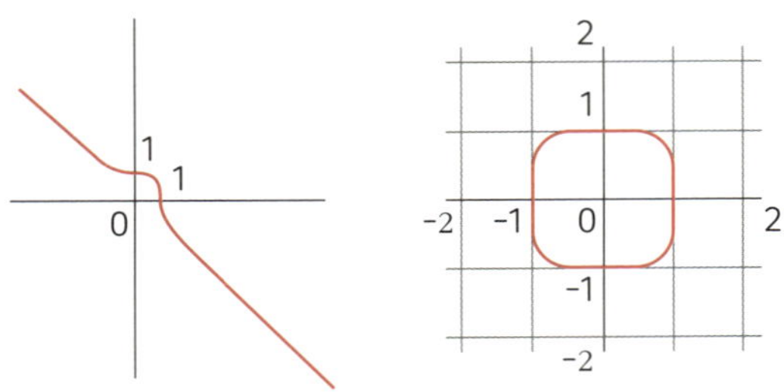

$x^3 + y^3 = 1$이 나타내는 곡선은 $(1, 0)$, $(0, 1)$이라는 두 점 외에는, x좌표와 y좌표가 모두 유리수인 점을 지나지 않음을 의미한다.

$x^4 + y^4 = 1$이 나타내는 곡선은 $(1, 0)$, $(0, 1)$, $(-1, 0)$, $(0, -1)$이라는 네 점 외에는, x좌표와 y좌표가 모두 유리수인 점을 지나지 않음을 의미한다.

(!) 피타고라스 정리에서 제곱 대신 세제곱 이상의 지수를 대입하면, '자연수의 해'는 존재하지 않게 된다. 일반적인 정리를 변형하거나 확장했을 때 어떤 현상이 일어나는지, 직접 손을 움직여 확인해보는 습관을 들이자.

6.4 제곱수의 합

피타고라스 정리에서는 세 수를 각각 제곱한 뒤, 그 합으로 묶었다.

다시 말해, 피타고라스 수란 '제곱수를 두 제곱수의 합으로 나타낼 수 있는가'라는 문제와 연결된다. '머리말'에서도 언급했듯이, '수를 도형으로 인식하고 도형을 수로 인식하는 것'은 수학의 이해를 깊게 만들기 위한 중요한 단계다.

여기서는 '도형을 수로 인식하는 관점'에서 출발해 피타고라스 정리와 피타고라스 수를 바라보고, 자연수를 몇 개의 제곱수나 세제곱수의 합으로 나타낼 수 있는지 그 방법을 생각해보자.

1부터 9까지의 두 자연수를 제곱한 수의 합으로 나타낼 수 있는 수는 다음 표와 같다.

	1	4	9	16	25	36	49	64	81
1	2	5	10	17	26	37	50	65	82
4	5	8	13	20	29	40	53	68	85
9	10	13	18	25	34	45	58	73	90
16	17	20	25	32	41	52	65	80	97
25	26	29	34	41	50	61	74	89	106
36	37	40	45	52	61	72	85	100	117
49	50	53	58	65	74	85	98	113	130
64	65	68	73	80	89	100	113	128	145
81	82	85	90	97	106	117	130	145	162

3, 4, 6, 7, 9, 11, 12, 14, 15, 16, 19 등 표에 없는 숫자들은 두 제곱수의 합으로 나타낼 수 없다는 사실을 짐작할 수 있을 것이다.

50은 세 군데에서 나타났다. 즉, 50은 서로 다른 두 수의 제곱수의 합으로 나타낼 수 있다.

$$50 = 1^2 + 7^2 = 5^2 + 5^2$$

85도 마찬가지로 다음과 같이 나타낼 수 있다.

$$85 = 2^2 + 9^2 = 6^2 + 7^2$$

세제곱과 관련해서는 인도의 수학자 스리니바사 라마누잔(1887~1920)의 '택시 수'가 유명하다.

요양 중이던 라마누잔을 문병하러 온 친구가 택시 번호가 '1729'였다고 전하며 "아무 특징도 없는 숫자였어"라고 단정하자, 라마누잔은 "1729는 두 가지 세제곱수의 합으로 나타낼 수 있는 흥미로운 숫자다"라고 반박했다는 일화에서 유래한 이름이다.

$$1729 = 12^3 + 1^3 = 10^3 + 9^3$$

이처럼 두 가지 세제곱수의 합으로 나타낼 수 있는 수를 '택시 수'라고 부른다. 참고로 1729는 가장 작은 택시 수다.

최소 제곱수의 합

자연수를 몇 개의 제곱수의 합으로 나타낼 수 있는가에 대해서는 이미 특징이 잘 밝혀져 있다.

다음의 표는 40 이하의 자연수를 가장 적은 수의 제곱수 합으로 나타낸 것이다.

1	1^2	21	$1^2+2^2+4^2$
2	1^2+1^2	22	$2^2+3^2+3^2$
3	$1^2+1^2+1^2$	23	$1^2+2^2+3^2+3^2$
4	2^2	24	$2^2+2^2+4^2$
5	1^2+2^2	25	5^2
6	$1^2+1^2+2^2$	26	1^2+5^2
7	$1^2+1^2+1^2+2^2$	27	$1^2+1^2+5^2$ $3^2+3^2+3^2$
8	2^2+2^2	28	$1^2+1^2+1^2+5^2$
9	3^2	29	2^2+5^2
10	1^2+3^2	30	$1^2+2^2+5^2$
11	$1^2+1^2+3^2$	31	$1^2+1^2+2^2+5^2$
12	$2^2+2^2+2^2$	32	4^2+4^2
13	2^2+3^2	33	$1^2+4^2+4^2$
14	$1^2+2^2+3^2$	34	3^2+5^2
15	$1^2+1^2+2^2+3^2$	35	$1^2+3^2+5^2$
16	4^2	36	6^2
17	1^2+4^2	37	1^2+6^2
18	3^2+3^2	38	$1^2+1^2+6^2$
19	$1^2+3^2+3^2$	39	$1^2+1^2+1^2+6^2$
20	2^2+4^2	40	2^2+6^2

두 제곱수의 합으로 나타낼 수 있는 자연수에 대해서는 다음과 같은 사실이 알려져 있다.

두 제곱수의 합으로 나타낼 수 있는 2 이외의 자연수 n은 다음을 만족해야 한다. m을 자연수, k를 4로 나누었을 때 나머지가 3인 소인수를 가지지 않는 수로 뒀을 경우, $n=m^2 k$ 형태로 나타낼 수 있어야 한다.

특히 n이 소수라면 $m=1$이고, k가 바로 그 소수가 된다. 따라서 k를 4로 나누었을 때 나머지가 1이면 두 제곱수의 합으로 나타낼 수 있고, 나머지가 3이면 두 제곱수의 합으로 나타낼 수 없다. 따라서 5, 13, 17, 29, 37은 두 제곱수의 합으로 나타낼 수 있고, 7, 19, 23, 31은 두 제곱수의 합으로 나타낼 수 없다.

합성수의 경우는 소인수분해해서 짝수 제곱되는 수는 m에 넣고, 그 이외를 k로 두면 된다.

$$12 = 2^2 \times 3,\ 14 = 1^2 \times (2 \times 7),\ 15 = 1^2 \times (3 \times 5)$$

이 수들은 k를 4로 나누었을 때 나머지가 3인 소인수를 가지므로, 두 제곱수의 합으로 나타낼 수 없다.

두 제곱수의 합으로 나타낼 수 있는 수의 곱이 두 제곱수의 합으로 나타낼 수 있는지는 다음 식을 보면 알 수 있다.

$$(a^2 + b^2)(c^2 + d^2) = (ad + bc)^2 + (ac - bd)^2$$

우변과 좌변 모두 전개하면 $a^2c^2 + a^2d^2 + b^2c^2 + b^2d^2$이므로, 등호가 성립한다는 사실을 확인할 수 있다. 예를 들어 이런 식이다.

$$205 = 5 \times 41 = (1^2 + 2^2)(4^2 + 5^2)$$
$$= (1 \times 5 + 2 \times 4)^2 + (1 \times 4 - 2 \times 5)^2 = 13^2 + 6^2$$

도형으로 생각해보면……?

다음으로 간격이 1인 격자 모양의 점들을 떠올려보자. 이런 격자점은 '지오보드'라고 부르는 경우도 있다.

　실제로 그려보면 바로 알 수 있는데, 격자점을 연결해서 만들 수 있는 정사각형은 그 넓이가 어떤 자연수의 제곱수이거나, 혹은 두 제곱수의 합으로 나타낼 수 있는 경우에 한정된다.

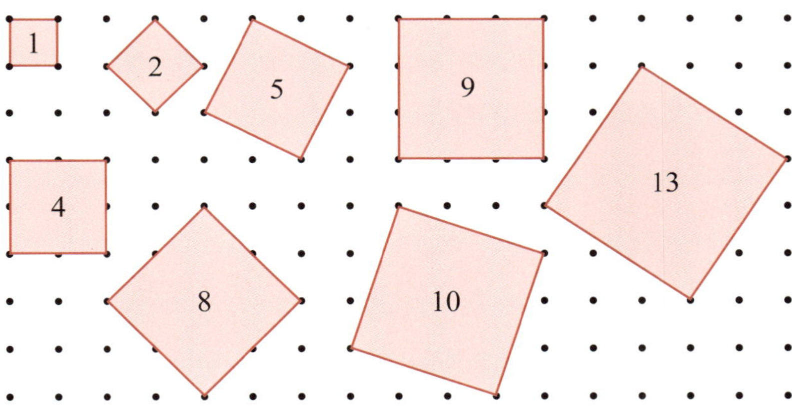

제곱수가 몇 개 있으면 자연수를 나타낼 수 있을까?

3개의 제곱수의 합으로 나타낼 수 있는 수는 1798년 아드리앵 마리 르장드르가 증명했다.

3개의 제곱수의 합으로 나타낼 수 있는 자연수 n은 다음 조건을 만족해야 한다. m과 k는 0 또는 자연수, a는 1, 2, 3, 5, 6 중 하나로 두었을 때, $n = 4^m(8k + a)$의 형태로 나타낼 수 있어야 한다. 여기서 $4^0 = 1$로 계산한다.

즉, 4로 나눌 수 있는 만큼 나눈 뒤, 남은 수를 8로 나누었을 때 나머지가 0, 4, 7이 아니면 된다.

예를 들어 96은 4로 두 번 나누면 6이 남는다. $96 = 4^2 \times 6$이고, 여기서 6을 8로 나누면 나머지가 6이므로, 3개의 제곱수의 합으로 나타낼 수 있다. 즉, $96 = 4^2 \times (8 \times 0 + 6)$이다.

$$96 = 16 + 16 + 64 = 4^2 + 4^2 + 8^2$$

272는 4로 두 번 나누면 17이 남는다. 17을 8로 나누면 나머지가 1이므로, 3개의 제곱수의 합으로 나타낼 수 있다. 즉, $272 = 4^2 \times (8 \times 2 + 1)$이다.

$$272 = 64 + 64 + 144 = 8^2 + 8^2 + 12^2$$

240은 4로 두 번 나누면 15가 남는다. 15를 8로 나누면 나머지가 7이므로, 3개의 제곱수의 합으로 나타낼 수는 없다.

어떤 수가 3개의 제곱수의 합으로 나타낼 수 있는지는 알 수 있어도, 구체적으로 어떤 자연수 3개를 제곱해서 더해야 하는지 알아내기란 쉬운 문제가 아니다.

또한 $96 = 4^2 \times (2 \times 3)$인데, 여기서 k 부분에 4로 나누었을 때 나머지가 3인 소인수가 있으므로, 96은 두 제곱수의 합으로 나타낼 수 없다. 반면 $272 = 4^2 \times 17$은 두 제곱수의 합($4^2 + 16^2$)으로도 나타낼 수 있다.

조제프 루이 라그랑주(1736~1813)는 최대 4개의 제곱수만 있으면 어떤 자연수든 그들의 합으로 나타낼 수 있다는 사실을 증명했다. 이를 '네제곱수 정리'라고 부른다.

네제곱수 정리

모든 자연수는 4개 이하 자연수의 제곱수의 합으로 나타낼 수 있다.

(!) **제곱수 몇 개의 합으로 나타낼 수 있는지는 밝혀져 있다.**

6.5 세제곱수의 합

세제곱수의 합을 생각하는 문제는 상당히 어려워진다. 그 이유는 음수가 나오기 때문에 주어진 자연수 n에 대해 유한 개만 조사하면 되는 문제가 아니기 때문이다.

루이스 모델(1888~1972)은 자연수를 9로 나누었을 때 나머지가 4나 5가 아닌 경우, 그 수를 3개의 세제곱수의 합, 즉 $x^3 + y^3 + z^3$의 꼴로 나타낼 수 있는지 연구했다(다음 페이지 참조).

33에 대해서는 2019년에 컴퓨터를 사용해 드디어 하나의 해를 발견했다.

$$33 = (-2736111468807040)^3 + (-8778405442862239)^3 + 8866128975287528^3$$

(!) **세제곱수는 음수가 나올 수 있으므로 무한히 많은 수의 조합을 고려해야 하며, 이 때문에 문제가 상당히 어려워진다.**

	x	y	z
0	0	0	0
1	0	0	1
1	9	10	-12
2	1	1	0
2	1214928	3480205	-3528875
3	1	1	1
3	4	4	-5
3	569936821221962380720	-569936821113563493509	-472715493453327032
6	-1	-1	2
6	60248	10529	-60355
7	0	-1	2
8	9	15	-16
9	0	1	2
10	1	1	2
11	-2	-2	3
12	7	10	-11
15	-1	2	2
16	-511	-1609	1626
17	1	2	2
18	-1	-2	3
19	0	-2	3
20	1	-2	3
21	-11	-14	16
24	2	2	2
24	-2901096694	-15550555555	15584139827
25	-1	-1	3
26	0	-1	3
27	0	0	3
27	-4	-5	6
28	0	1	3
29	1	1	3
30	-283059965	-2218888517	2220422932

수학의 거장 레온하르트 오일러(1707~1783)는 페르마의 마지막 정리의 항을 늘려서 이런 추론을 했다.

오일러의 추론

$x^4+y^4+z^4=w^4$을 만족하는 자연수의 해(x, y, z, w)는 존재하지 않는다.

그러나 1988년에 하버드대학교의 노암 엘키스(1966 ~)가 다음 해를 발견했다.

$$2682440^4 + 15365639^4 + 18796760^4 = 20615673^4$$

(!) 계산기가 없던 오일러의 시대에는, 계산이 매우 복잡해서 수의 세계에서는 상상하기 힘든 등식들이 나타났다.

6.7 거듭제곱수에 관한 미해결 문제

동일한 지수의 합에 관한 문제를 일반화한 미해결 문제가 유명하다.

미해결 문제 [페르마 - 카탈란 추측]

x, y, z, k, m, n은 자연수이다.

$$x^k + y^m = z^n \qquad \frac{1}{k} + \frac{1}{m} + \frac{1}{n} < 1$$

x, y, z의 최대공약수가 1인 자연수 조합 (x, y, z)는 유한 개만 존재한다.

현시점에 알려진 조합은 이렇게 9가지다.

$$2^5 + 7^2 = 3^4$$

$$13^2 + 7^3 = 2^9$$

$$2^7 + 17^3 = 71^2$$

$$3^5 + 11^4 = 122^2$$

$$33^8 + 1549034^2 = 15613^3$$

$$1414^3 + 2213459^2 = 65^7$$

$$9262^3 + 15312283^2 = 113^7$$

$$17^7 + 76271^3 = 21063928^2$$

$$43^8 + 96222^3 = 30042907^2$$

⚠ **지수를 여러 가지 수에 조합해보면, 현대 수학에서도 여전히 풀리지 않는 문제가 남아 있다는 사실을 알 수 있다.**

⚠ **세제곱 정리처럼 중학교에서 배우는 기본 정리를 깊이 파고들면, 더 수준 높은 수학으로 들어가는 길목에 설 수 있다.**

제 7 장

분수를 소수로 나타내며 수학 센스 연마하기
- 그리고 '도형'으로 나타내보면……?

분수를 소수로 나타내는 방법은 초등학교에서 배운다.

분수를 소수로 고쳐보면, $\frac{1}{4} = 0.25$처럼 일정한 자리에서 그치는 경우도

있고, $\frac{1}{3} = 0.333\cdots$처럼 3이 끝없이 이어지는 경우도 있다는 사실을 알게 된

다. 전자를 '유한소수', 후자를 '순환소수'라 부른다.

이 장에서는 중학교에서 배우는 소인수분해라는 무기를 활용해, 분수를 소수로 나타내는 방법을 더 깊이 탐구하려고 한다.

먼저 분모가 2~9이고, 분자가 1인 분수들을 각각 소수로 나타내보자.

$$\frac{1}{2} = 0.5, \quad \frac{1}{3} = 0.333\cdots, \quad \frac{1}{4} = 0.25, \quad \frac{1}{5} = 0.2,$$

$$\frac{1}{6} = 0.1666\cdots, \quad \frac{1}{7} = 0.142857\cdots, \quad \frac{1}{8} = 0.125,$$

$$\frac{1}{9} = 0.1111\cdots$$

$\frac{1}{3}$에서는 3이 반복되고, $\frac{1}{6}$에서는 6이 반복되며, $\frac{1}{7}$에서는 142857이 반복

된다. 이처럼 반복되는 수열을 '순환마디'라고 한다.

$\frac{1}{7}$의 경우, 소수 전개가 142857142857이 반복되므로 그렇게 볼 수도 있

지만, 순환마디는 가장 짧은 반복 구간을 뜻하며, 순환마디에 포함된 숫자의 개수를 '순환마디의 길이'라고 한다. 예를 들어 $\frac{1}{6}$은 순환마디의 길이가 1이고, $\frac{1}{7}$은 6이다.

이제 분수를 소수로 나타낼 때 순환마디에 어떤 법칙이 있는지 살펴보기 위해, 분모가 25까지인 진분수(분자가 분모보다 작은 분수)를 실제로 소수로 바꾸어보자. 계산기에 맡겨도 좋지만, 손으로 직접 계산해보는 것도 재미있다. 또한 이 장에서는 원칙적으로 분자가 분모보다 작은 진분수만을 다루기로 한다.

이 장의 포인트로는 다음을 들 수 있다.

- 손으로 계산할 때, 진분수의 소수 전개 표를 효율적으로 만드는 방법이 있을까?
- 어떤 분수가 유한소수가 될까? 또, 어떤 분자에 대해서도 항상 유한소수가 되는 분모가 존재할까?
- 어떤 분수가 순환소수가 될까? 또, 순환마디를 '그림'으로 나타내면 무엇을 알 수 있을까?
- 분모가 같으면, 그 분모를 가진 모든 분수는 순환마디의 길이가 같을까?
- 순환하지 않는 부분이 있는 분수와, 바로 순환이 시작되는 분수 사이에는 어떤 차이점이 있을까?
- '순환마디의 길이'에는 어떤 법칙이 존재할까?
- 분모가 커지면, 순환마디가 아주 길어지는 분수도 존재할까?

먼저 분모가 25 이하인 진분수를 표로 나타내보자. 표에서 밑줄을 그은 부분은 순환마디를 뜻한다.

분자＼분모	2	3	4	5	6	7	8	9	10
1	0.5	0.$\underline{3}$	0.25	0.2	0.1$\underline{6}$	0.$\underline{142857}$	0.125	0.$\underline{1}$	0.1
2		0.$\underline{6}$	0.5	0.4	0.$\underline{3}$	0.$\underline{285714}$	0.25	0.$\underline{2}$	0.2
3			0.75	0.6	0.5	0.$\underline{428571}$	0.375	0.$\underline{3}$	0.3
4				0.8	0.$\underline{6}$	0.$\underline{571428}$	0.5	0.$\underline{4}$	0.4
5					0.8$\underline{3}$	0.$\underline{714285}$	0.625	0.$\underline{5}$	0.5
6						0.$\underline{857142}$	0.75	0.$\underline{6}$	0.6
7							0.875	0.$\underline{7}$	0.7
8								0.$\underline{8}$	0.8
9									0.9

분자＼분모	11	12	13	14	15	16	17
1	0.$\underline{09}$	0.08$\underline{3}$	0.$\underline{076923}$	0.0$\underline{714285}$	0.0$\underline{6}$	0.0625	0.$\underline{0588235294117647}$
2	0.$\underline{18}$	0.1$\underline{6}$	0.$\underline{153846}$	0.$\underline{142857}$	0.1$\underline{3}$	0.125	0.$\underline{1176470588235294}$
3	0.$\underline{27}$	0.25	0.$\underline{230769}$	0.2$\underline{142857}$	0.2	0.1875	0.$\underline{1764705882352941}$
4	0.$\underline{36}$	0.$\underline{3}$	0.$\underline{307692}$	0.2$\underline{857142}$	0.2$\underline{6}$	0.25	0.$\underline{2352941176470588}$
5	0.$\underline{45}$	0.41$\underline{6}$	0.$\underline{384615}$	0.3$\underline{571428}$	0.$\underline{3}$	0.3125	0.$\underline{2941176470588235}$
6	0.$\underline{54}$	0.5	0.$\underline{461538}$	0.$\underline{428571}$	0.4	0.375	0.$\underline{3529411764705882}$
7	0.$\underline{63}$	0.58$\underline{3}$	0.$\underline{538461}$	0.5	0.4$\underline{6}$	0.4375	0.$\underline{4117647058823529}$
8	0.$\underline{72}$	0.6	0.$\underline{615384}$	0.$\underline{571428}$	0.5$\underline{3}$	0.5	0.$\underline{4705882352941176}$
9	0.$\underline{81}$	0.75	0.$\underline{692307}$	0.6$\underline{428571}$	0.6	0.5625	0.$\underline{5294117647058823}$
10	0.$\underline{90}$	0.8$\underline{3}$	0.$\underline{769230}$	0.$\underline{714285}$	0.6	0.625	0.$\underline{5882352941176470}$
11		0.91$\underline{6}$	0.$\underline{846153}$	0.7$\underline{857142}$	0.7$\underline{3}$	0.6875	0.$\underline{6470588235294117}$
12			0.$\underline{923076}$	0.$\underline{857142}$	0.8	0.75	0.$\underline{7058823529411764}$
13				0.9$\underline{285714}$	0.8$\underline{6}$	0.8125	0.$\underline{7647058823529411}$
14					0.9$\underline{3}$	0.875	0.$\underline{8235294117647058}$
15						0.9375	0.$\underline{8823529411764705}$
16							0.$\underline{9411764705882352}$

<table>
<tr><td>분모
분자</td><td>18</td><td>19</td><td>20</td><td>21</td></tr>
<tr><td>1</td><td>0.05</td><td>0.052631578947368421</td><td>0.05</td><td>0.047619</td></tr>
<tr><td>2</td><td>0.1</td><td>0.105263157894736842</td><td>0.1</td><td>0.095238</td></tr>
<tr><td>3</td><td>0.16</td><td>0.157894736842105263</td><td>0.15</td><td>0.142857</td></tr>
<tr><td>4</td><td>0.2</td><td>0.210526315789473684</td><td>0.2</td><td>0.190476</td></tr>
<tr><td>5</td><td>0.27</td><td>0.263157894736842105</td><td>0.25</td><td>0.238095</td></tr>
<tr><td>6</td><td>0.3</td><td>0.315789473684210526</td><td>0.3</td><td>0.285714</td></tr>
<tr><td>7</td><td>0.38</td><td>0.368421052631578947</td><td>0.35</td><td>0.3</td></tr>
<tr><td>8</td><td>0.4</td><td>0.421052631578947368</td><td>0.4</td><td>0.380952</td></tr>
<tr><td>9</td><td>0.5</td><td>0.473684210526315789</td><td>0.45</td><td>0.428571</td></tr>
<tr><td>10</td><td>0.5</td><td>0.526315789473684210</td><td>0.5</td><td>0.476190</td></tr>
<tr><td>11</td><td>0.61</td><td>0.578947368421052631</td><td>0.55</td><td>0.523809</td></tr>
<tr><td>12</td><td>0.6</td><td>0.631578947368421052</td><td>0.6</td><td>0.571428</td></tr>
<tr><td>13</td><td>0.72</td><td>0.684210526315789473</td><td>0.65</td><td>0.619047</td></tr>
<tr><td>14</td><td>0.7</td><td>0.736842105263157894</td><td>0.7</td><td>0.6</td></tr>
<tr><td>15</td><td>0.83</td><td>0.789473684210526315</td><td>0.75</td><td>0.714285</td></tr>
<tr><td>16</td><td>0.8</td><td>0.842105263157894736</td><td>0.8</td><td>0.761904</td></tr>
<tr><td>17</td><td>0.94</td><td>0.894736842105263157</td><td>0.85</td><td>0.809523</td></tr>
<tr><td>18</td><td></td><td>0.947368421052631578</td><td>0.9</td><td>0.857142</td></tr>
<tr><td>19</td><td></td><td></td><td>0.95</td><td>0.904761</td></tr>
<tr><td>20</td><td></td><td></td><td></td><td>0.952380</td></tr>
</table>

분자＼분모	22	23	24	25
1	0.045	0.0434782608695652173913	0.0416	0.04
2	0.09	0.0869565217391304347826	0.083	0.08
3	0.136	0.1304347826086956521739	0.125	0.12
4	0.18	0.1739130434782608695652	0.16	0.16
5	0.227	0.2173913043478260869565	0.2083	0.2
6	0.27	0.2608695652173913043478	0.25	0.24
7	0.318	0.3043478260869565217391	0.2916	0.28
8	0.36	0.3478260869565217391304	0.3	0.32
9	0.409	0.3913043478260869565217	0.375	0.36
10	0.45	0.4347826086956521739130	0.416	0.4
11	0.5	0.4782608695652173913043	0.4583	0.44
12	0.54	0.5217391304347826086956	0.5	0.48
13	0.590	0.5652173913043478260869	0.5416	0.52
14	0.63	0.6086956521739130434782	0.583	0.56
15	0.681	0.6521739130434782608695	0.625	0.6
16	0.72	0.6956521739130434782608	0.6	0.64
17	0.772	0.7391304347826086956521	0.7083	0.68
18	0.81	0.7826086956521739130434	0.75	0.72
19	0.863	0.8260869565217391304347	0.7916	0.76
20	0.90	0.8695652173913043478260	0.83	0.8
21	0.954	0.9130434782608695652173	0.875	0.84
22		0.9565217391304347826086	0.916	0.88
23			0.9583	0.92
24				0.96

이 표를 보면, 진분수를 소수로 나타낼 때 두 가지 형태로 나뉜다는 점을 알 수 있다. 하나는 '끝없이 이어지는 순환소수'이고, 다른 하나는 '정확히 떨어지는 유한소수'이다.

흥미로운 사실은, 예를 들어 원주율(3.14159265358…)처럼 끝없이 불규칙적으로 이어지는 소수는 보이지 않는다는 점이다.

또한 $\frac{1}{3}$ (0.333…)처럼 소수 첫째 자리부터 순환하는 분수도 있고, $\frac{1}{6}$ (0.1666…)처럼 소수점 아래 초반에는 순환하지 않다가 이후에 순환이 시작되는 분수도 있다. $\frac{1}{3}$처럼 순환마디가 한 자리(3)인 경우도 있고, $\frac{1}{7}$처럼 여섯 자리(142857)가 순환하는 경우도 있다.

그 밖에 또 어떤 특징의 수가 있는지 직접 찾아보자.

원주율 π=3.14159265358979323846264338327950288419716939937510 5820974944592307816406286208998628034825342117067982148086 5 1328230664709384460955058223172535940812848111745028410270 1 938521105559644622948954930381964428810975665933446128475 64 82337867831652712019091456485669234603486104543266482133936 0726024914127372458700 6처럼 '끝없이 불규칙적으로 이어지는 소수'가 나타나지 않는 이유는 무엇일까?

먼저 $\frac{1}{7}$의 나머지에 주목해보자.

1을 7로 나누면, 몫은 소수 부분에 나타나는 0, 1, 4, 2, 8, 5, 7, …이고, 나머지는 1, 3, 2, 6, 4, 5, 1, …이다. 나머지가 0이 되는 순간 나누어떨어지므로 유한소수가 된다.

자연수를 7로 나누었을 때의 나머지는, 나누어떨어지는 경우인 0을 제외하면 1부터 6까지 총 여섯 종류다.

$\dfrac{1}{7}$의 경우는 이 여섯 종류가 모두 나타난 다음에 다시 1로 돌아온다. 1로 돌아오면 계산이 처음과 똑같이 반복되므로, 몫은 1, 4, 2, 8, 5, 7, 나머지는 3, 2, 6, 4, 5, 1 순으로 나타나면서 순환한다는 사실을 알 수 있다.

$\dfrac{1}{3}$의 경우는 $10 \div 3$의 나머지가 1이므로, 3만 계속 이어진다.

일반적으로 분모가 n인 경우, 0을 제외한 나머지는 $n-1$가지가 되므로 다음과 같이 정리할 수 있다.

$$
\begin{array}{r}
0.142857\cdots \\
7{\overline{\smash{\big)}\,1}} \\
\underline{0} \\
10 \\
\underline{7} \\
30 \\
\underline{28} \\
20 \\
\underline{14} \\
60 \\
\underline{56} \\
40 \\
\underline{35} \\
50 \\
\underline{49} \\
1
\end{array}
$$

> $\dfrac{m}{n}$이 유한소수가 아닌 경우, 그 소수 전개는 반드시 순환한다.
> 그리고 그 순환마디의 길이는 최대 $n-1$이다.

⚠️ **따라서 분수를 소수로 나타낼 때, 무작위로 불규칙하게 이어지는 경우는 없다.**

7.2 손 계산을 통해 탐구하기

$\dfrac{1}{7}$을 세로셈 필산으로 계산해보았으니, 이번에는 $\dfrac{2}{7}$를 필산으로 계산해보자.

$\dfrac{1}{7}$을 계산했을 때처럼 직접 써서 계산해보면 다음과 같다.

나머지에 2가 나와서 반복이 일어난다.

그러나 나머지 2는 이미 $\frac{1}{7}$ 을 계산하는 과정에서 봤기 때문에, 그 부분부터 몫을 써 내려가면 굳이 계산하지 않아도 $\frac{2}{7}$ 의 소수 전개(0.285714…)를 얻을 수 있다. 마찬가지로 $\frac{1}{7}$ 을 필산한 결과를 보면, $\frac{3}{7}$ 은 나머지로 3이 나오는 부분, 즉 4부터 시작해 소수 전개가 0.428571이 된다는 사실을 알 수 있다. 같은 방식으로,

$\frac{4}{7}$ 의 소수 전개는 0.571428…, $\frac{5}{7}$ 의 소수 전개는 0.714285…, $\frac{6}{7}$ 의 소수 전개는 0.857142…이다.

따라서 필산으로 계산 과정을 남겨두면, $\frac{1}{7}$ 에 대한 계산 하나만 해도 6개의 분수 소수 전개를 모두 알 수 있다.

그리고 이들의 순환마디는 모두 142857142857… 가운데 어떤 한 지점에서 시작한다.

⚠ **계산 과정을 남겨두면 계산이 훨씬 편리해지고 법칙을 발견하기도 쉬워진다.**

7.3 순환마디를 그림으로 나타내면……?

순환마디를 도형으로 나타내보자. 원둘레를 10등분하고, 0부터 9까지 숫자를 차례대로 적어 넣는다. 이제 순환마디에 등장하는 숫자를 순서대로

이어보면 어떤 모양이 나타날까?

$\dfrac{1}{7}$의 순환마디: 1, 4, 2, 8, 5, 7

$\dfrac{1}{13}$의 순환마디: 0, 7, 6, 9, 2, 3

$\dfrac{1}{17}$의 순환마디: 0, 5, 8, 8 2, 3, 5, 2, 9, 4, 1, 1, 7, 6, 4, 7

$\dfrac{1}{21}$의 순환마디: 0, 4, 7, 6, 1, 9

이들을 그림으로 나타내면 다음과 같다.

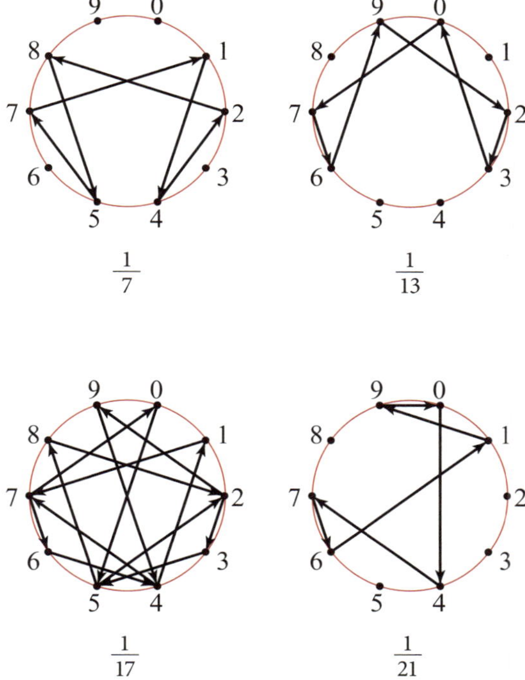

8, 8이나 1, 1처럼 같은 수가 연달아 이어지는 부분은 그림에서 생략했지만, 그 숫자 자신을 연결하는 것을 작은 원으로 표현해도 좋다.

이들 도형은 $\frac{1}{21}$ 을 제외하면 선대칭 도형이다. 그 이유는 뭘까?

분모가 소수이고 순환마디의 길이가 짝수일 때, 순환마디를 반으로 나눠 앞과 뒤를 더하면 9가 반복된다는 사실이 알려져 있으며, 이를 '미디의 정리'라고 부른다.

예를 들어 $\frac{1}{7}$ 의 순환마디는 $142 + 857 = 999$, $\frac{1}{13}$ 의 순환마디는 $076 + 923 = 999$, $\frac{1}{17}$ 의 순환마디는 $05882352 + 94117647 = 99999999$이다.

$\frac{2}{7}$ 의 순환마디에서도 $285 + 714 = 999$, $\frac{5}{13}$ 의 순환마디에서도 $384 + 615 = 999$이다.

이는 순환마디의 길이가 짝수일 때, 그것을 그림으로 나타내면 모두 선대칭 도형이 된다는 사실을 뒷받침한다.

⚠️ **수열을 그림으로 나타내보면 대칭성을 발견하는 경우가 있다.**

7.4   유한소수로 나타내는 분수

유한소수로 나타낼 수 있는 분수를 뽑아보자. 단, 약분한 분수만 생각하기로 한다.

$$\frac{1}{2}, \frac{1}{4}, \frac{3}{4}, \frac{1}{5}, \frac{2}{5}, \frac{3}{5}, \frac{4}{5}, \frac{1}{8}, \frac{3}{8}, \frac{5}{8}, \frac{7}{8}, \frac{1}{10}, \frac{3}{10}, \frac{7}{10}, \frac{9}{10},$$

$$\frac{1}{16}, \frac{3}{16}, \frac{5}{16}, \frac{7}{16}, \frac{9}{16}, \frac{11}{16}, \frac{13}{16}, \frac{15}{16}$$

이들 분모를 소인수분해하면 다음과 같다.

$$\frac{1}{2}, \frac{1}{2^2}, \frac{3}{2^2}, \frac{1}{5}, \frac{2}{5}, \frac{3}{5}, \frac{4}{5}, \frac{1}{2^3}, \frac{3}{2^3}, \frac{5}{2^3}, \frac{7}{2^3}, \frac{1}{2\times5}, \frac{3}{2\times5}, \frac{7}{2\times5}, \frac{9}{2\times5},$$

$$\frac{1}{2^4}, \frac{3}{2^4}, \frac{5}{2^4}, \frac{7}{2^4}, \frac{9}{2^4}, \frac{11}{2^4}, \frac{13}{2^4}, \frac{15}{2^4}$$

혹시 눈치챘는지 모르겠지만, 사실 분모의 소인수가 2와 5만 존재한다. 그리고 2와 5는 10의 약수다. 이는 대체 무슨 뜻일까?

분수는 정수의 몫으로 나타낼 수 있다.

예를 들어 $\frac{3}{4}$은 $3 \div 4$이다. 따라서 유한소수에서 모든 전개가 끝난다는 것은, 나누어지는 수에 10을 몇 번 곱하면 정수 ÷ 정수 범위에 들어온다는 뜻이다.

예를 들어 $1 \div 4$의 경우, $100 \div 4 = 25$이기 때문에 $\frac{1}{4} = 0.25$이다. $3 \div 8$의 경우, $3000 \div 8 = 375$이므로, $\frac{3}{8} = 0.375$다.

여기서 정수 ÷ 정수가 정수 범위에서 나누어떨어지는지 소인수분해를 통해 생각해보려고 한다.

$12 \div 4 = 3$은 나누어떨어진다 → $(2^2 \times 3) \div (2^2)$

$14 \div 4 = 3$에 나머지 2가 생기므로 나누어떨어지지 않는다 → $(2 \times 7) \div (2^2)$

즉, '나누어지는 수의 소인수'에 '나누는 수의 소인수'가 포함되어 있는지에 따라 정수 ÷ 정수가 정수 범위에서 나누어떨어지는지가 결정된다.

소수 첫째 자리에서 나누어떨어진다는 것은, 원래의 나누어지는 수에 10을 곱한 수가 정수 범위에서 나누어떨어진다는 뜻과 같다.

$$18 \div 12 = 1.5 \longrightarrow 180 \div 12 = 15$$

여기서 10을 곱한다는 것은 소인수로 2와 5를 하나씩 추가한다는 뜻이다.

$$18 \div 12 \longrightarrow (2 \times 3^2) \div (2^2 \times 3)$$
$$(\text{나누어지는 수를 } 10\text{배}) \longrightarrow (2^2 \times 3^2 \times 5) \div (2^2 \times 3)$$

이렇게 하면, 소인수를 나눠서 없앨 수 있다.

즉, 답이 유한소수로 나왔다는 것은 나누어지는 수에 10을 몇 번 곱했을 때, 그 수가 나누는 수로 나누어떨어진다는 뜻이다. 그리고 나누어지는 수가 무엇이든 상관없이, 분모가 2와 5만을 소인수로 갖는 경우에만 유한소수라는 결과를 얻을 수 있다.

따라서 $32 = 2^5$, $640 = 2^7 \times 5$, $1250 = 2 \times 5^4$ 등은 분자에 어떤 수가 오든 유한소수로 나타낼 수 있다.

$$\frac{1}{32} = 0.03125, \quad \frac{5}{32} = 0.15625, \quad \frac{13}{32} = 0.40625,$$

$$\frac{1}{640} = 0.0015625, \quad \frac{7}{640} = 0.0109375, \quad \frac{137}{640} = 0.2140625$$

$$\frac{1}{1250} = 0.0008, \quad \frac{13}{1250} = 0.0104, \quad \frac{503}{1250} = 0.4024$$

'2와 5의 지수'에 주목하라

더 깊이 파고들어 생각해보자.

분모가 32인 약분된 분수는, 분자에 어떤 수가 오든 소수 다섯째 자리에서 끝나는 유한소수다. 이는 32를 소인수분해했을 때 2의 지수인 5에 대응한다.

분모가 640인 약분된 분수는, 분자에 어떤 수가 오든 소수 일곱째 자리에서 끝나는 유한소수다. 이 또한 $640 = 2^7 \times 5$로 소인수분해했을 때 2의 지수 7에 대응한다.

분모가 1250인 약분된 분수는, 분자에 어떤 수가 오든 소수 넷째 자리에서 끝나는 유한소수다. 이는 $1250 = 2 \times 5^4$로 소인수분해했을 때 5의 지수 4에 대응한다. 정리하면 다음과 같다.

> 약분된 분수를 유한소수로 나타낼 수 있는 것은
> 분모의 소인수가 2와 5로만 이루어진 경우이다.
> 그리고 2와 5의 지수 중 큰 값을 n이라 하면,
> 그 분수는 소수 n째 자리에서 끝나는 유한소수로 나타낼 수 있다.

(!) **25 이하의 진분수를 살펴보면, 유한소수로 나타낼 수 있는 분수의 특징을 알 수 있다.**

7.5 약분된 분수의 순환마디 특징은?

이번에는 순환하는 분수 중에서 약분된 분수에만 주목해보자.

분모가 3일 때, $\dfrac{1}{3}$과 $\dfrac{2}{3}$의 순환마디 길이는 모두 1이다.

분모가 7일 때, $\frac{1}{7}$, $\frac{2}{7}$, $\frac{3}{7}$, $\frac{4}{7}$, $\frac{5}{7}$, $\frac{6}{7}$의 순환마디 길이는 모두 6이다.

분모가 12일 때, $\frac{1}{12}$, $\frac{5}{12}$, $\frac{7}{12}$, $\frac{11}{12}$의 순환마디 길이는 모두 1이다.

분모가 22일 때, $\frac{1}{22}$, $\frac{3}{22}$, $\frac{5}{22}$, $\frac{7}{22}$, $\frac{9}{22}$, $\frac{13}{22}$, $\frac{15}{22}$, $\frac{17}{22}$, $\frac{19}{22}$, $\frac{21}{22}$의 순환

마디 길이는 모두 2이다.

이처럼 모든 분수에 대해 다음과 같이 일반화할 수 있다.

> 약분된 분수에서는, 분모가 같으면 순환마디의 길이도 같다.

⚠ **25 이하의 진분수를 살펴보면, 약분된 분수의 일반적인 특징을 알 수 있다.**

7.6 '바로 순환하는 분수'와 '바로 순환하지 않는 분수'

예를 들어 $\frac{1}{3}=0.333\cdots$처럼 바로 순환하는 분수가 있는가 하면, $\frac{1}{6}=0.1666\cdots$

처럼 소수 첫째 자리인 1은 순환하지 않고, 소수 둘째 자리인 6부터 순환이 시작되는 분수도 있다.

그렇다면 '바로 순환하는 분수'와 '바로 순환하지 않는 분수'는 무엇이 다를까? 그 부분을 탐구해보도록 하자.

먼저 바로 순환하는 분수 중에서 분자가 1인 수들에 주목해보자.

$$\frac{1}{3} = 0.\underline{3}, \quad \frac{1}{7} = 0.\underline{142857}, \quad \frac{1}{9} = 0.\underline{1}, \quad \frac{1}{11} = 0.\underline{09},$$

$$\frac{1}{13} = 0.\underline{076923}, \quad \frac{1}{17} = 0.\underline{0588235294117647},$$

$$\frac{1}{19} = 0.\underline{052631578947368421}, \quad \frac{1}{21} = 0.\underline{047619},$$

$$\frac{1}{23} = 0.\underline{0434782608695652173913}$$

반대로, 바로 순환하지 않는 분수 중에서 분자가 1인 수들에는 다음과 같은 것들이 있다.

$$\frac{1}{6} = 0.1\underline{6}(\text{소수 둘째 자리부터}), \quad \frac{1}{12} = 0.08\underline{3}(\text{소수 셋째 자리부터}),$$

$$\frac{1}{14} = 0.0\underline{714285}(\text{소수 둘째 자리부터}), \quad \frac{1}{15} = 0.0\underline{6}(\text{소수 둘째 자리부터}),$$

$$\frac{1}{18} = 0.0\underline{5}(\text{소수 둘째 자리부터}), \quad \frac{1}{22} = 0.0\underline{45}(\text{소수 둘째 자리부터}),$$

$$\frac{1}{24} = 0.0416\underline{6}(\text{소수 넷째 자리부터})$$

바로 순환하는 분수	바로 순환하지 않는 분수	
$\dfrac{1}{3}$ $\quad$ $\dfrac{1}{7}$ $\quad$ $\dfrac{1}{9}$ $\quad$ $\dfrac{1}{11}$ $\quad$ $\dfrac{1}{13}$ $\quad$ $\dfrac{1}{17}$ $\quad$ $\dfrac{1}{19}$ $\quad$ $\dfrac{1}{21}$ $\quad$ $\dfrac{1}{23}$	$\dfrac{1}{6}$ (소수 둘째 자리부터) $\dfrac{1}{14}$ (소수 둘째 자리부터) $\dfrac{1}{18}$ (소수 둘째 자리부터) $\dfrac{1}{24}$ (소수 넷째 자리부터)	$\dfrac{1}{12}$ (소수 셋째 자리부터) $\dfrac{1}{15}$ (소수 둘째 자리부터) $\dfrac{1}{22}$ (소수 둘째 자리부터)

분모를 소인수분해해보면……?

각 분모를 소인수분해해보자.

바로 순환하는 분수의 분모는 다음과 같다.

$$3, 7, 9 = 3^2, 11, 13, 17, 19, 21 = 3 \times 7, 23$$

바로 순환하지 않는 분수의 분모는 다음과 같다.

$$6 = 2 \times 3, \ 12 = 2^2 \times 3, \ 14 = 2 \times 7, \ 15 = 3 \times 5,$$
$$18 = 2 \times 3^2, \ 22 = 2 \times 11, \ 24 = 2^3 \times 3$$

소인수분해를 해본 결과, 소수 몇째 자리부터 순환하는지는 2와 5의 지수와 관련이 있을 것이라 짐작할 수 있다.

다음으로, 바로 순환하지 않는 분수의 순환마디를 도출해보자.

$\dfrac{1}{6}$ 은 $\underline{6}$, $\dfrac{1}{12}$ 은 $\underline{3}$, $\dfrac{1}{14}$ 은 $\underline{714285}$, $\dfrac{1}{15}$ 은 $\underline{6}$, $\dfrac{1}{18}$ 은 $\underline{5}$, $\dfrac{1}{22}$ 은 $\underline{45}$, $\dfrac{1}{24}$ 은 $\underline{6}$

111~113쪽의 표에서 순환마디가 같은 분수를 찾아보면, $\frac{1}{6}$은 $\frac{2}{3}$, $\frac{1}{12}$은 $\frac{1}{3}$, $\frac{1}{14}$은 $\frac{5}{7}$, $\frac{1}{15}$은 $\frac{2}{3}$, $\frac{1}{18}$은 $\frac{5}{9}$, $\frac{1}{22}$은 $\frac{5}{11}$, $\frac{1}{24}$은 $\frac{2}{3}$와 각각 같다는 사실을 알 수 있다.

순환마디 도출법

분수에 10을 곱하고 정수 부분을 확인하면, 소수점 아래에 어떤 수가 이어지는지 드러난다. 예를 들어 $\frac{3}{7}$을 살펴보자.

$$\frac{3}{7} \times 10 = \frac{30}{7} = 4\frac{2}{7}$$

$$\frac{2}{7} \times 10 = \frac{20}{7} = 2\frac{6}{7}$$

$$\frac{6}{7} \times 10 = \frac{60}{7} = 8\frac{4}{7}$$

$$\frac{4}{7} \times 10 = \frac{40}{7} = 5\frac{5}{7}$$

$$\frac{5}{7} \times 10 = \frac{50}{7} = 7\frac{1}{7}$$

$$\frac{1}{7} \times 10 = \frac{10}{7} = 1\frac{3}{7}$$

이렇게 계산을 계속하면, 결국 처음의 $\frac{3}{7}$이 다시 나온다. 그 과정에서 정수 부분은 428571이 차례로 이어진다.

즉, 진분수에 10을 곱해 얻은 정수 부분이 소수 첫째 자리가 되고, 그 정수 부분을 빼고 다시 10을 곱하면 소수 둘째 자리가 나온다.

이 과정을 반복하다 보면, 원래 분수로 돌아가서 $\frac{3}{7}$의 순환마디가 428571이라는 사실을 알 수 있다.

이 방법을 사용해서 바로 순환하는 분수 $\frac{5}{21}$에 무슨 일이 일어나는지 확인해보자.

$$\frac{5}{21} \times 10 = \frac{50}{21} = 2\frac{8}{21}$$

$$\frac{8}{21} \times 10 = \frac{80}{21} = 3\frac{17}{21}$$

$$\frac{17}{21} \times 10 = \frac{170}{21} = 8\frac{2}{21}$$

$$\frac{2}{21} \times 10 = \frac{20}{21}$$

$$\frac{20}{21} \times 10 = \frac{200}{21} = 9\frac{11}{21}$$

$$\frac{11}{21} \times 10 = \frac{110}{21} = 5\frac{5}{21}$$

이처럼 6번의 과정을 거쳐 원래의 $\frac{5}{21}$로 돌아가며, $\frac{5}{21}$의 순환마디가

238095라는 사실을 알 수 있다. 또한, 각 단계의 분수 부분은 모두 분모가 21로 유지된다는 점도 확인할 수 있다.

분모의 소인수

다음으로 바로 순환하지 않는 분수 $\frac{1}{6}$을 살펴보자.

$$\frac{1}{6} \times 10 = \frac{10}{6} = 1\frac{2}{3}$$

$$\frac{2}{3} \times 10 = \frac{20}{3} = 6\frac{2}{3}$$

이렇게 $\frac{2}{3}$가 이어진다. 여기서 소수 첫째 자리는 1이고, 그다음 자리부터는 6이 이어진다. 즉, 0.16이다.

바로 순환하는 경우와 달리, 여기서는 6과 다른 분모 3이 나타났다. 또한, 순환마디는 $\frac{2}{3}$와 같다.

$\frac{1}{12}$은 어떨까?

$$\frac{1}{12} \times 10 = \frac{10}{12} = \frac{5}{6}$$

$$\frac{5}{6} \times 10 = \frac{50}{6} = 8\frac{1}{3}$$

$$\frac{1}{3} \times 10 = \frac{10}{3} = 3\frac{1}{3}$$

이렇게 $\frac{1}{3}$이 이어진다. 따라서 0.083이다.

$\frac{1}{14}$을 살펴보자.

$$\frac{1}{14} \times 10 = \frac{10}{14} = \frac{5}{7}$$

$$\frac{5}{7} \times 10 = \frac{50}{7} = 7\frac{1}{7}$$

$$\frac{1}{7} \times 10 = \frac{10}{7} = 1\frac{3}{7}$$

$$\frac{3}{7} \times 10 = \frac{30}{7} = 4\frac{2}{7}$$

$$\frac{2}{7} \times 10 = \frac{20}{7} = 2\frac{6}{7}$$

$$\frac{6}{7} \times 10 = \frac{60}{7} = 8\frac{4}{7}$$

$$\frac{4}{7} \times 10 = \frac{40}{7} = 5\frac{5}{7}$$

이렇게 $\frac{5}{7}$로 돌아온다. 따라서 0.0714285이다.

이처럼 분모의 소인수에 2나 5가 있으면, 10을 곱했을 때 분모가 바뀐다.

'바로 순환하는 분수'와 '바로 순환하지 않는 분수'의 특징

$\frac{1}{6}$의 소수 첫째 자리는 $\frac{10}{6}\left(=1\frac{2}{3}\right)$의 정수 부분이므로 1이다. 소수 둘째 자리는 $\frac{20}{3}\left(=6\frac{2}{3}\right)$의 정수 부분이므로 6이다. 따라서 소수 둘째 자리부터

$\frac{2}{3}$의 순환마디인 $\underline{6}$으로 순환한다.

$\frac{1}{12}$의 소수 첫째 자리는 $\frac{10}{12}\left(=\frac{5}{6}\right)$의 정수 부분이므로 0이다. 소수 둘째 자리는 $\frac{50}{6}\left(=8\frac{1}{3}\right)$의 정수 부분이므로 8이다. 소수 셋째 자리는 $\frac{10}{3}\left(=3\frac{1}{3}\right)$의 정수 부분이므로 3이다. 따라서 소수 셋째 자리부터 $\frac{1}{3}$의 순환마디인 $\underline{3}$으로 순환한다.

$\frac{1}{14}$의 소수 첫째 자리는 $\frac{10}{14}\left(=\frac{5}{7}\right)$의 정수 부분이므로 0이다. 소수 둘째 자리는 $\frac{50}{7}\left(=7\frac{1}{7}\right)$의 정수 부분이므로 7이다. 따라서 소수 둘째 자리부터 $\frac{5}{7}$의 순환마디인 $\underline{714285}$가 이어진다.

$\frac{1}{15}$의 소수 첫째 자리는 $\frac{10}{15}\left(=\frac{2}{3}\right)$의 정수 부분이므로 0이다. 소수 둘째 자리는 $\frac{20}{3}\left(=6\frac{2}{3}\right)$의 정수 부분이므로 6이다. 따라서 소수 둘째 자리부터 $\frac{2}{3}$의 순환마디인 $\underline{6}$이 이어진다.

다음으로 $\frac{1}{48}$을 계산하면 다음과 같다.

$$\frac{1}{48}=0.020833\cdots$$

순환마디를 살펴보면, 소수 다섯째 자리부터 순환이 시작된다.

실제로 10을 곱해서 정수 부분을 도출하면, $\dfrac{10}{48}=\dfrac{5}{24}$, $\dfrac{50}{24}=2\dfrac{1}{12}$, $\dfrac{10}{12}=\dfrac{5}{6}$, $\dfrac{50}{6}=8\dfrac{1}{3}$이다.

$\dfrac{1}{60}$을 계산하면 다음과 같다.

$$\dfrac{1}{60}=0.01666\cdots$$

소수 셋째 자리부터 순환이 시작된다.

실제로 10을 곱해서 정수 부분을 도출하면, $\dfrac{10}{60}=\dfrac{1}{6}$, $\dfrac{10}{6}=1\dfrac{2}{3}$이다.

분수	분모의 소인수분해	순환이 시작하는 지점	순환마디가 같은 분수
$\dfrac{1}{6}$	$6=2\times3$	소수 둘째 자리	$\dfrac{2}{3}$
$\dfrac{1}{12}$	$12=2^2\times3$	소수 셋째 자리	$\dfrac{1}{3}$
$\dfrac{1}{14}$	$14=2\times7$	소수 둘째 자리	$\dfrac{5}{7}$
$\dfrac{1}{15}$	$15=3\times5$	소수 둘째 자리	$\dfrac{2}{3}$
$\dfrac{1}{48}$	$48=2^4\times3$	소수 다섯째 자리	$\dfrac{1}{3}$
$\dfrac{1}{60}$	$60=2^2\times3\times5$	소수 셋째 자리	$\dfrac{2}{3}$

분자에 10을 곱하면 분모의 소인수 중 2와 5가 없어지고, 이렇게 소인수

2와 5가 모두 사라지는 순간 순환이 시작된다는 사실을 확인할 수 있다. 이 원리는 분자가 1이 아닌 약분된 분수에서도 마찬가지로 성립한다.

$\dfrac{1}{9}, \dfrac{2}{9}, \dfrac{4}{9}, \dfrac{5}{9}, \dfrac{7}{9}, \dfrac{8}{9}$ 이나 $\dfrac{1}{21}, \dfrac{2}{21}, \dfrac{4}{21}, \dfrac{5}{21}, \dfrac{8}{21}, \dfrac{10}{21}, \dfrac{11}{21}, \dfrac{13}{21}, \dfrac{16}{21}, \dfrac{17}{21}, \dfrac{19}{21}, \dfrac{20}{21}$ 은

소수 첫째 자리부터 순환이 시작된다. 이들 분수의 분모는 2와 5를 모두 소인수로 갖지 않는다.

위의 법칙은 2와 5의 지수가 없는 경우, 지수 중에서 큰 값을 0이라고 본다면 어떤 분수에서든지 성립한다.

또한, 분모에 2나 5를 곱해도 순환마디의 길이는 변하지 않는다는 사실도 알 수 있다. 예를 들어 3에 2나 5를 몇 번 곱한 분모의 소수 전개는 $\dfrac{1}{3}$이나 $\dfrac{2}{3}$와 마찬가지로 순환마디의 길이가 1이다.

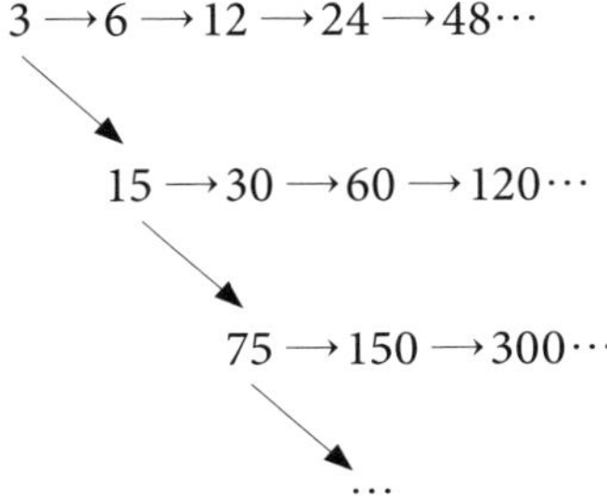

위의 열에 있는 수를 분모로 가진 약분된 분수는 모두 순환마디의 길이가 1이다.

⚠️ **소인수분해를 해서 특징을 알아내면, 소수 몇 번째 자리에서 순환이 시작되는지 드러난다.**

7.7 순환마디의 길이

분자가 1인 분수에 대해 순환마디의 길이를 정리해보자.

분모	2	3	4	5	6	7	8	9	10
길이	유한	1	유한	유한	1	6	유한	1	유한
11	12	13	14	15	16	17	18	19	20
2	1	6	6	1	유한	16	1	18	유한

앞서 분모의 소인수에 2나 5가 포함되어 있으면, 그 소인수의 수는 순환하지 않는 부분에 대응한다는 사실을 확인했다. 예를 들어 $\frac{1}{6}$은 6을 2로 나누면 3이므로, 분모가 3인 $\left(\frac{2}{3}\right)$의 순환마디와 대응한다. 또한 $\frac{1}{15}$은 15를 5로 나누면 3이므로, 분모가 3인 순환마디 $\left(\frac{2}{3}\right)$와 대응한다.

이제 2나 5를 약수로 갖지 않은 수에 한해, 분자가 1인 분수의 순환마디 길이를 살펴보자.

분모	3	7	9	11	13	17	19	21	23	27	29
길이	1	6	1	2	6	16	18	6	22	3	28
31	33	37	39	41	43	47	49	51	53	57	59
15	2	3	6	5	21	46	42	16	13	18	58
61	63	67	69	71	73	77	79	81	83	87	89
60	6	33	22	35	8	6	13	9	41	28	44
91	93	97	99	101	103	107	109	111	113	117	119
6	15	96	2	4	34	53	108	3	112	6	48

표에서 색으로 표시한 소수에 주목해서 보면, 순환마디의 길이가 '그 수-1'이 되는 경우가 많이 보인다. 예를 들어 7, 17, 19, 23, 29, 47, 59, 61, 97, 109, 113이 그렇다.

이러한 소수들이 무수히 존재하는지는 아직 미해결 문제로 남아 있다.

미해결 문제

소수 p에 대하여, $\dfrac{1}{p}$의 순환마디 길이가 $p-1$인 경우가 무한히 존재하는가?

다른 순환마디의 길이는 모두 '소수-1'의 약수이다. 이는 일반적으로 성립한다고 알려져 있다.

소수 p에 대하여, $\dfrac{1}{p}$의 순환마디 길이는 $p-1$의 약수이다.

합성수의 경우, '분모-1'의 약수가 반드시 순환마디의 길이가 되는 것은 아니다. 예를 들어 $21-1=20$이지만, $\dfrac{1}{21}$의 순환마디 길이는 6이다.

합성수를 포함하면, $\dfrac{1}{n}$ 의 순환마디 길이는 'n 미만의 자연수 중에서 n과 공통 약수가 1뿐인 수의 개수'의 약수라는 사실이 알려져 있다.

오일러 함수

앞서 언급한 'n 미만의 자연수 중에서 n과 공통 약수가 1뿐인 수의 개수'를 구하는 방법을 소개하겠다.

예를 들어 $n=9$일 때는 1, 2, 4, 5, 7, 8까지 6개가 있다. 6은 9와 공통 약수 3을 가지므로 세지 않는다.

다른 예를 보면, $n=12$일 때는 1, 5, 7, 11로 4개, $n=21$일 때는 1, 2, 4, 5, 8, 10, 11, 13, 16, 17, 19, 20으로 12개가 있다. 소수 7은 1, 2, 3, 4, 5, 6까지 6개가 있으며, 소수 p에서는 $p-1$개가 된다.

'n 미만의 자연수 중에서 n과 공통 약수가 1뿐인 수의 개수'를 구하는 함수는 '오일러 함수'로 알려져 있다.

오일러 함수

n의 소인수를 $p_1, p_2, \cdots, p_n$이라 하고, $p_1, p_2, \cdots, p_n$은 모두 다르다.
이때, n 미만의 자연수 중에서 n과 공통 약수가 1뿐인 수의 개수는 다음과 같다.

$$n \times \left(1 - \frac{1}{p_1}\right) \times \left(1 - \frac{1}{p_2}\right) \times \cdots \times \left(1 - \frac{1}{p_n}\right)$$

구체적인 예를 살펴보자.

소수 7의 소인수는 7밖에 없으므로, 7 미만의 자연수 중에서 7과 공통 약수가 1뿐인 수의 개수는 이렇게 구할 수 있다.

$$7 \times \left(1 - \frac{1}{7}\right) = 6$$

앞서 구한 수와 같다.

소수 p에서는 $p-1$개로 구할 수 있다.

합성수인 12의 소인수는 2와 3이므로, 12 미만의 자연수 중에서 12와 공통 약수가 1뿐인 수의 개수는 다음과 같이 구할 수 있다.

$$12 \times \left(1 - \frac{1}{2}\right) \times \left(1 - \frac{1}{3}\right) = 4$$

이것도 앞서 구한 수와 같다.

마찬가지로 합성수 21의 소인수는 3과 7이므로, 21 미만의 자연수 중에서 21과 공통 약수가 1뿐인 수의 개수는 다음과 같이 구할 수 있다.

$$21 \times \left(1 - \frac{1}{3}\right) \times \left(1 - \frac{1}{7}\right) = 12$$

이 결과 역시 앞서 구한 수와 같다.

합성수의 경우에서도 그 수 미만의 자연수 중에서 그 수와 공통 약수가 1뿐인 개수를 구하고, 그 값을 순환마디의 길이와 비교해보자.

수	9	21	27	33	39	49	51	57
길이	1	6	3	2	6	42	16	18
약수가 1뿐인 수의 개수	6	12	18	20	24	42	32	36
수	63	69	77	81	87	91	93	99
길이	6	22	6	9	28	6	15	2
약수가 1뿐인 수의 개수	36	44	60	54	56	72	60	60

이제 소수의 경우까지 포함하면, 다음과 같이 일반화할 수 있다.

> 2와 5를 약수로 갖지 않는 자연수 n에 대하여,
> $\frac{1}{n}$의 순환마디 길이는 n 미만의 자연수 중에서
> n과 공통 약수가 1뿐인 수의 개수의 약수이다.

⚠️ $\frac{1}{n}$의 순환마디 길이는 위에서 구한 수로 제한된다는 사실을 알 수 있다. 하지만 그 길이가 의외로 간단한 공식으로 나타낼 수 있다는 사실은 잘 알려지지 않았다.

7.8 거듭제곱수의 순환마디 길이

분모에 2나 5를 곱하더라도, 분자가 1인 분수의 순환마디 길이는 변하지 않는다. 예를 들어 3에 2나 5를 곱한 6이나 15를 생각해보자. $\frac{1}{6}$도 $\frac{1}{15}$도 순환마디 길이는 $\frac{1}{3}$과 마찬가지로 1이다.

그렇다면 이번에는 3이나 7을 곱했을 때 순환마디의 길이가 어떻게 변하는지 살펴보자(엑셀 프로그램을 이용한 계산 방법은 책 말미의 칼럼을 참조).

3에 3을 곱해가면, 3 →9 →27 →81이 된다. 각 순환마디의 길이는 1 →1 →3 →9로 변한다.

특히 9부터는 순환마디 길이도 3배씩 증가한다는 점이 눈에 띈다. 그래서 3을 계속 곱해 243, 729, 2187의 순환마디 길이를 구해보면, 27 →81 →243으로 순환마디도 3배씩 늘어나는 것을 확인할 수 있다.

분모	3	$9 = 3^2$	$27 = 3^3$	$81 = 3^4$	$243 = 3^5$	$729 = 3^6$	$2187 = 3^7$
길이	1	1	3	9	27	81	243

다음으로 7에 7을 곱해가면 다음과 같다.

분모	7	$49 = 7^2$	$343 = 7^3$	$2401 = 7^4$	$16807 = 7^5$
길이	6	42	294	2058	14406

소수 p를 거듭제곱하면, 어느 지점부터 순환마디의 길이가 p배가 되는 현상이 나타난다는 사실이 알려져 있다. 이 현상은 『소수는 돌고 돈다』(사이라이지 후미오·시미즈 겐이치, 2017)에서 자세히 증명했다.

⚠ **소수 p를 거듭제곱하면, 순환마디의 길이가 얼마든지 긴 분수가 존재한다는 사실을 알 수 있다.**

7.9 '나머지의 열' 시각화하기

7.1절에서는 $\dfrac{1}{7}$의 나머지에 주목하여, 나머지가 1이 되는 순간 순환마디의 길이를 구할 수 있다는 사실을 소개했다.

이번에는 나머지가 1이 될 때까지의 변화 과정을 꺾은선 그래프로 살펴보자. 먼저 소수인 7, 13, 17, 19의 경우를 다음과 같이 나타냈다.

$\frac{1}{7}$	3	2	6	4	5	1												
$\frac{1}{13}$	10	9	12	3	4	1												
$\frac{1}{17}$	10	15	14	4	6	9	5	16	7	2	3	13	11	8	12	1		
$\frac{1}{19}$	10	5	12	6	3	11	15	17	18	9	14	7	13	16	8	4	2	1

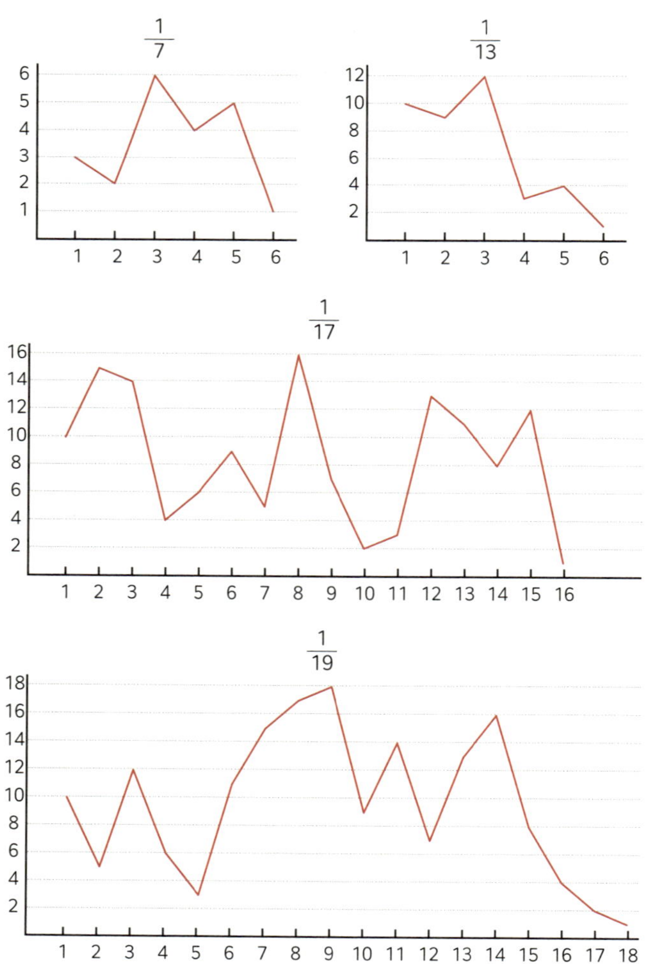

꺾은선 그래프를 보면, 전체적으로 상당히 불규칙적인 움직임을 보여 순환마디의 길이를 구하기가 어렵다는 것을 알 수 있다.

다음으로 분모가 27(3^3), 81(3^4), 243(3^5), 729(3^6)인 분수들의 나머지를 그래프로 나타내보자. 3과 9는 순환마디의 길이가 1이므로 그래프에서는 제외한다. 243이나 729는 규칙적으로 위아래를 그리는 패턴이 눈에 띈다.

그래프로 나타내면, 규칙성이 있는 듯하면서도 불규칙한 꺾은선이 나타나 신비로운 느낌을 준다.

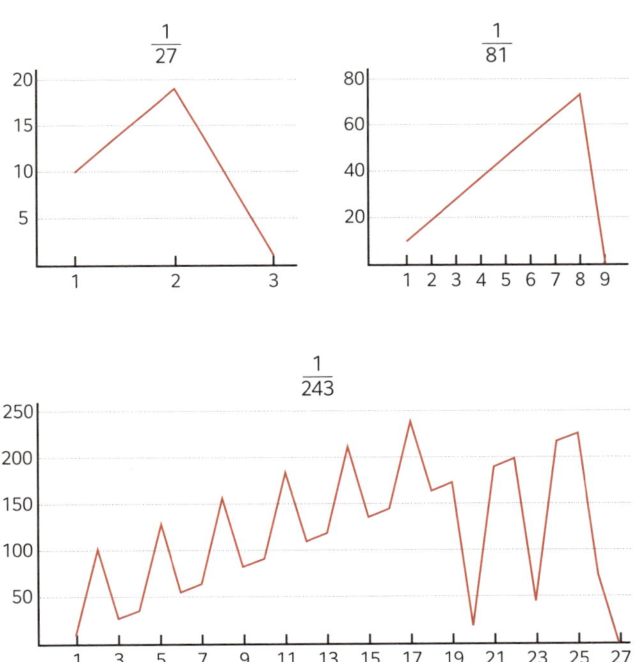

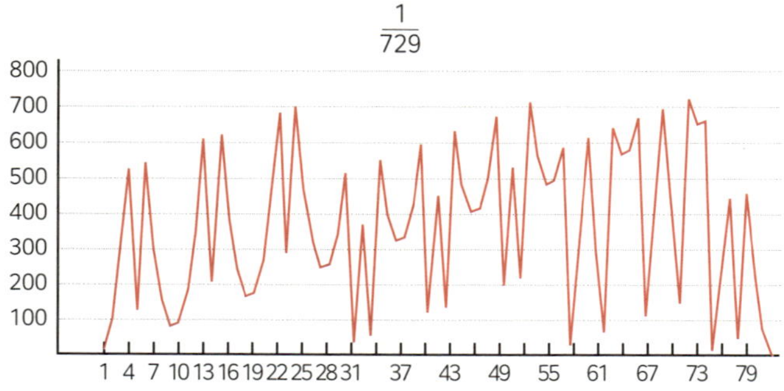

7.10 분수를 도식화하기

2013년부터 초등학생, 중학생, 고등학생이 수학과 관련된 연구를 자유롭게 응모하는 '수학 자유 연구' 콘테스트가 열리고 있다(이수교육연구소 주최). 입상 작품은 홈페이지에 실려 있으며, 누구든지 간단히 볼 수 있다(https:// www.rimse.or.jp/research/index.html).

그중 2015년도 문부과학대신상을 받은 '수를 형태로 나타내다'라는 작품에서는,

$\frac{1}{7} = 0.142857\cdots$이라는 분수를 오른쪽과 같

이 도형으로 표현했다.

정사각형이 빼곡하게 그려진 모눈종이 위에 출발점을 정하고, 소수점 아래에 나타나는 숫자에 따라 차례로 오른쪽으로 한 칸, 아래로 네 칸, 왼쪽으로 두 칸, 위로 여덟 칸, 오른쪽으로

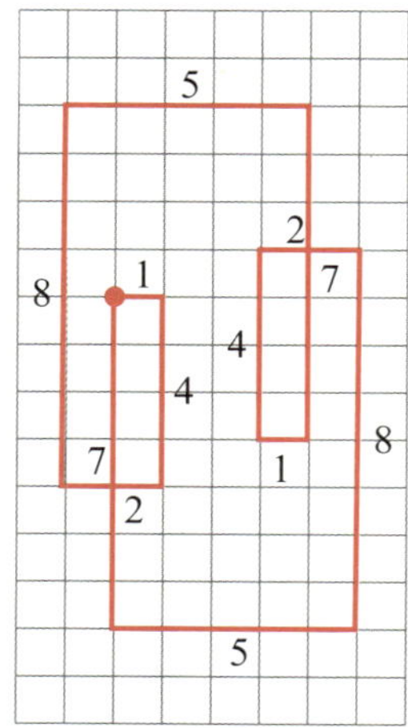

다섯 칸, 아래로 일곱 칸, 왼쪽으로 한 칸, 위로 네 칸, 오른쪽으로 두 칸, 아래로 여덟 칸, 왼쪽으로 다섯 칸, 위로 일곱 칸을 이동하면, 다시 출발점으로 되돌아온다. 그렇게 정확히 출발점으로 돌아오는 모습이 정말 신기하다.

이 방법을 사용해서 $\frac{1}{3} = 0.333\cdots$, $\frac{1}{4} = 0.25$, $\frac{1}{5} = 0.2$, $\frac{1}{6} = 0.1666\cdots$을 나타낸 것이 다음 그림이다.

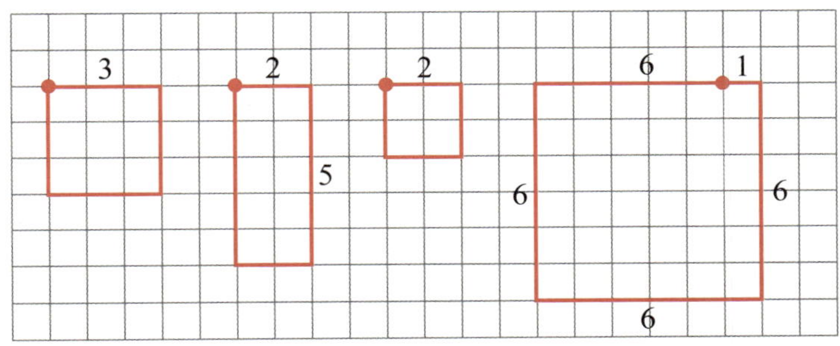

$\frac{1}{4}$은 유한소수이므로 2와 5가 반복되고, $\frac{1}{5}$은 2를 반복한다. 반면, $\frac{1}{6}$은 출발점으로 돌아오지 않는다.

이번에는 정삼각형이 빼곡하게 그려진 삼각 모눈종이에서도 비슷한 발상으로 그림을 그렸다. $\frac{1}{4}$과 $\frac{1}{7}$을 예시로 보면, 다음 페이지의 그림과 같은 도형이 그려진다.

또한 $\frac{3}{11} = 0.27\cdots$, $\frac{4}{11} = 0.36\cdots$도 같은 방법으로 그려보면, 다음 페이지의 아래쪽과 같은 그림이 나타난다.

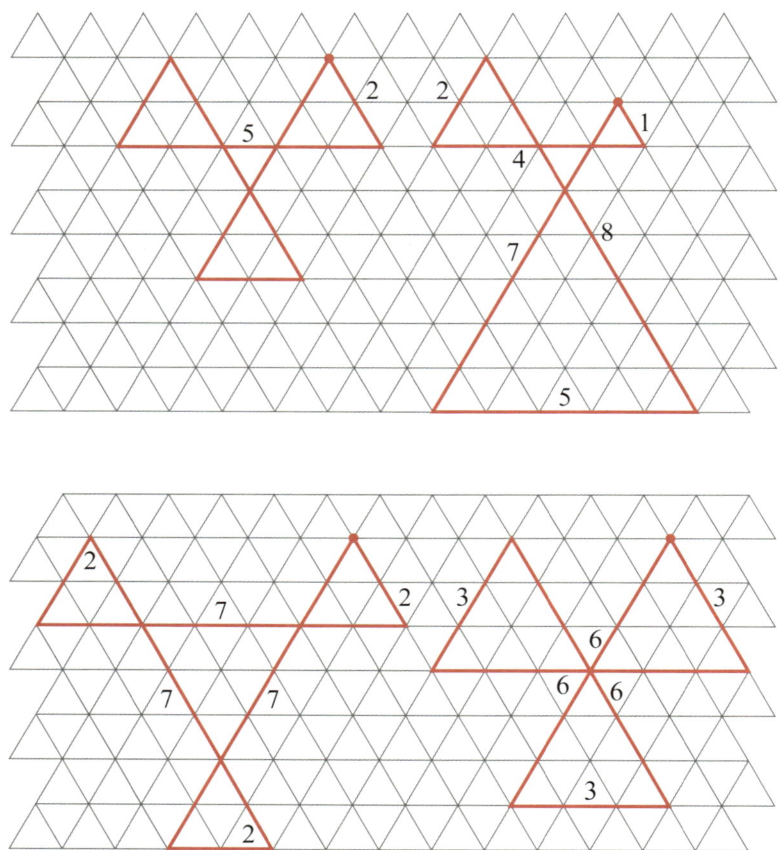

분수에서 이렇게 다양한 도형이 만들어진다는 사실이 무척 흥미롭다. 부디 다른 수로도 직접 손을 움직여 확인해보길 바란다.

⚠️ **분수의 소수 전개에서 나타나는 순환마디의 '순환한다'는 성질은, 그림으로 표현해보면 시각적으로 다시 인식할 수 있다. '수'와 그림'의 관계를 파악하며 센스를 연마하기에 이보다 좋은 소재는 없을 것이다.**

수를 자유자재로 다루며 수학 센스 연마하기
-'회오리형'인가, '나무형'인가

중학교 2학년 때는 수를 직접 다뤄보며 숨은 성질을 찾아내고, 문자식을 이용해 증명하는 방법을 배운다.

먼저 좋아하는 두 자릿수 자연수를 적고, 십의 자리와 일의 자리를 바꿔서 만든 수와의 합을 구해보자.

$$42 + 24 = 66,\ 17 + 71 = 88,\ 87 + 78 = 165,$$

$$99 + 99 = 198,\ 39 + 93 = 132$$

이 수들에는 어떤 특징이 있을까?

사실, 모두 11의 배수이다.

$$42 + 24 = 6 \times 11,\ 17 + 71 = 8 \times 11,\ 165 = 15 \times 11,$$

$$198 = 18 \times 11,\ 132 = 12 \times 11$$

> **정리**
>
> 두 자릿수 자연수, 그리고 그 수의 십의 자리와 일의 자리를 바꿔서 만든 수의 합은 11과 각 자릿수의 합을 곱한 수이다.

왜 11의 배수가 될까? 어떻게 증명할지 생각해보자.

두 자릿수 자연수를 $10a+b$로 나타내면,
십의 자리와 일의 자리를 바꿔서 만든 수는 $10b+a$로 쓸 수 있다.
이 두 수를 더하면, $(10a+b)+(10b+a)=11(a+b)$가 된다.
따라서 각 자리의 수의 합에 11을 곱한 수이다.

0이 포함된 수, 예를 들어 10이나 90도 $10+1=11$, $90+9=99$와 같이 같은 원리로 설명할 수 있다.

이때 얻어지는 수는 $a+b$에 11을 곱한 수이므로, 다음 중 하나가 된다.

11, 22, 33, 44, 55, 66, 77, 88, 99, 110, 121, 132, 143, 154, 165, 176, 187, 198

다음으로 두 자릿수 자연수의 십의 자리와 일의 자리를 바꿔서 만든 수의 차(큰 수에서 작은 수를 뺀 값)를 생각해보자.

몇 가지 예를 직접 계산해보면 아래와 같다. 이 수들에서는 어떤 특징을 찾아낼 수 있을까?

$$92-29=63,\ 42-24=18,\ 83-38=45,$$
$$87-78=9,\ 99-99=0$$

0은 9×0이라고 치면 9의 배수이므로, 모두 9의 배수라는 사실을 알 수 있다.

정리

두 자릿수 자연수, 그리고 그 수의 십의 자리와 일의 자리를 바꿔서 만든 수의 차는 9의 배수이다.

왜 9의 배수가 될까? 이것도 증명해보자.

두 자릿수 자연수를 $10a+b$로 나타내고, $a \geqq b$라고 하자.
십의 자리와 일의 자리를 바꿔서 만든 수는 $10b+a$로 나타낼 수 있다.
이 수들의 차를 구하면, $(10a+b)-(10b+a)=9(a-b)$이다.
따라서 9의 배수이다.

증명을 살펴보면, 9에 a와 b의 차를 곱한 수라고 봐도 좋을 것이다. 예를 들어 92의 경우 $9-2=7$이므로, $9 \times 7=63$이 두 수의 차로 나타난다.

나오는 수는 $a-b$에 9를 곱한 수이므로, 0, 9, 18, 27, 36, 45, 54, 63, 72, 81 가운데 하나가 된다.

이 장에서는 수를 이런 식으로 변형하기도 하고, 자릿수를 늘리거나 표현을 바꾸는 등 다양하게 다뤄보려고 한다.

또한, 이러한 과정을 그림으로 나타냄으로써 그 수의 성질과 형태를 시각적으로 파악하고자 한다. 이 또한 '수'와 '도형'에 대한 감각을 기르는 데 아주 훌륭한 훈련이 될 것이다.

이 장의 포인트는 다음 4가지다.

- ⊘ **두 자리나 세 자리 수의 각 자릿수를 더하는 과정을 반복하면, 어떤 일이 일어날까?**
- ⊘ **두 자리나 세 자리 수의 각 자릿수의 차를 반복해서 구하면, 어떤 일이 일어날까?**
- ⊘ **두 자리나 세 자리 수의 자릿수를 서로 바꾸면, 어떤 일이 일어날까?**
- ⊘ **한 수를 다른 수에 대응시키는 과정을 반복하면, 어떤 일이 일어날까?**

두 자릿수 자연수, 그리고 그 수의 십의 자리와 일의 자리를 서로 바꿔서 만든 수의 합은 다음과 같다.

11, 22, 33, 44, 55, 66, 77, 88, 99, 110, 121, 132, 143, 154, 165, 176, 187, 198

이제 여기에 한 번 더 같은 과정을 반복해보자.

세 자릿수의 경우에는 백의 자리와 일의 자리를 바꿔서 만든 수와의 합을 구한다. 네 자릿수에서는 천의 자리와 일의 자리, 백의 자리와 십의 자리를 각각 바꿔서 만든 수와의 합을 구한다. 그보다 자릿수가 더 늘어나도 이와 같은 과정을 반복한다. 이러한 과정을 '뒤집어 더하기'라고 부르기로 하자.

11→22, 22→44, 33→66, 44→88, 55→110, 66→132, 77→154, 88→176, 99→198, 110→121, 121→242, 132→363, 143→484, 154→605, 165→726, 176→847, 187→968, 198→1089

나타난 수 가운데,

11, 22, 33, 44, 55, 66, 77, 88, 99, 121, 242, 363, 484

이 숫자들은 오른쪽에서 읽든 왼쪽에서 읽든 같으며, 회문수이다(제3장 3.2절 참조). 여기서 다음과 같이 새로운 의문이 생긴다.

> **두 자릿수는 어떤 수라도 '뒤집어 더하기' 과정을 반복하면 회문수가 될까?**

지금까지 했던 계산에 더해, 조금 더 진행한 결과를 다음 표에 정리했다(열은 '뒤집어 더하기' 과정을 반복한 수를, 행은 그 결괏값을 나타냈다).

110	121					
132	363					
143	484					
154	605	1111				
165	726	1353	4884			
176	847	1595	7546	14003	44044	
187	968	1837	9218	17347	91718	173437
198	1089	10890	20691	40293	79497	

187은 뒤집어 더하기 과정을 6번 반복했을 때는 회문수가 되지 않았지만, 23번 반복했더니 회문수가 되었다.

$173437 \rightarrow 907808 \rightarrow 1716517 \rightarrow 8872688 \rightarrow 17735476 \rightarrow 85189247 \rightarrow 159487405 \rightarrow 664272356 \rightarrow 1317544822 \rightarrow 3602001953 \rightarrow 7193004016 \rightarrow 13297007933 \rightarrow 47267087164 \rightarrow 93445163438 \rightarrow 176881317877 \rightarrow 955594506548 \rightarrow 1801200002107 \rightarrow 8813200023188$

따라서 모든 두 자릿수는 회문수가 된다는 사실이 증명되었다.

⚠ **합을 구하는 과정은 숫자가 점점 커지기 때문에 처음에는 법칙이 없는 것처럼 보이지만, 반복하면 회문수가 나타난다는 규칙을 발견할 수 있다.**

8.2 세 자릿수에서는 어떻게 될까?

세 자릿수로 '뒤집어 더하기'를 하면 어떻게 될까?

예를 들어 674는 674 + 476 = 1150, 226은 226 + 622 = 848, 345는 345 + 543 = 888, 132는 132 + 231 = 363, 479는 479 + 974 = 1453, 918은

$918 + 819 = 1737$, 900은 $900 + 9 = 909$이다.

겉보기에는 어떤 특징을 가진 수는 보이진 않는다.

문자식으로 계산해서 확인해보면 다음과 같다.

$$100a + 10b + c + (100c + 10b + a) = 101a + 20b + 101c$$

여기서도 특정 수의 배수가 되는 성질은 없어 보인다.

하지만 합이 세 자릿수인 경우$(848, 888, 363, 909)$에 주목해보면, 이들 수는 모두 회문수이다.

회문수가 아닌 1150의 경우, '뒤집어 더하기'를 한 번 더 해보면(즉, 천의 자리와 일의 자리, 백의 자리와 십의 자리를 각각 서로 바꿔서 만든 511을 더하면), $1150 + 511 = 1661$로 회문수가 된다.

회문수가 아닌 다른 수들도 뒤집어 더해보자.

1453은 $1453 + 3541 = 4994$로 회문수가 된다. 1737은 $1737 + 7371 = 9108$로 회문수는 아니지만, 거기서 또 뒤집어 더하면, $9108 + 8019 = 17127$, $17127 + 72171 = 89298$로 회문수에 도달하게 된다.

사실 이 문제도 아직 풀리지 않은 문제로 알려져 있다.

미해결 문제
모든 수는 '뒤집어 더하기'를 반복하면 회문수가 될까?

세 자릿수 중에서 196은 회문수에 도달하는지 아닌지 아직 밝혀지지 않아 '196 문제'라고 불린다. 수십억 번의 과정을 반복했지만 아직 회문수에 도달하지 못한 까다로운 난제다.

8.3 빼는 과정 반복하기

두 자릿수 자연수의 십의 자리와 일의 자리를 서로 바꿔서 만든 수의 차는 0, 9, 18, 27, 36, 45, 54, 63, 72, 81 중 하나가 된다. 0은 $0-0=0$이므로 여기서는 제외하고 생각하겠다.

또한 0은 두 숫자가 같을 때만 나타난다.

9를 이용해 이 과정을 반복해보자.

$$90-9=81, \quad 81-18=63, \quad 63-36=27, \quad 72-27=45, \quad 54-45=9$$

이렇게 다시 9로 되돌아온다. 이 5번의 과정을 그림으로 나타낸 것이 다음 왼쪽 그림이다. 5개의 숫자가 회오리치듯 원을 그리고 있다.

이 원에 나타나지 않는 수는 18, 36, 54, 72이다. 이들 수는 한 번의 과정

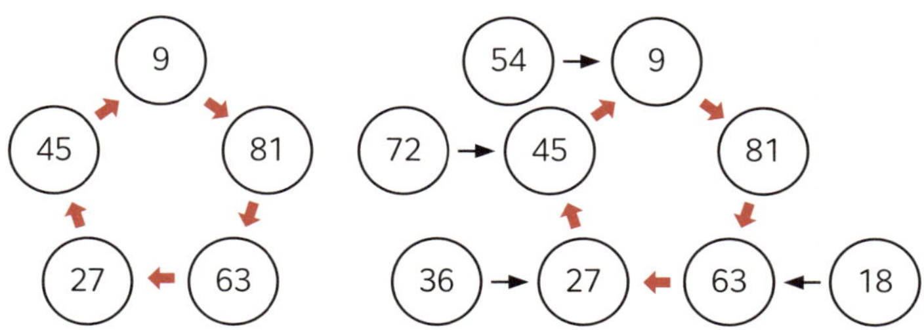

을 거치면 이 원 속으로 빨려 들어간다.

숫자의 배열 순서를 따지지 않는다면, 9와 90, 18과 81, 36과 63, 27과 72, 45와 54는 같다고 볼 수 있다(앞 페이지의 오른쪽 그림 참조).

⚠ **두 수가 같은 경우를 제외하면, 모든 두 자릿수는 회오리 원(9, 81, 63, 27, 45) 안으로 빨려 들어간다.**

8.4 세 자릿수 뒤집어 빼기

세 자릿수에서는 백의 자리와 일의 자리를 서로 바꿔 만든 수로 차를 구한다. 이렇게 '뒤집어 빼기' 과정을 반복하면 어떻게 될까? 문자식으로 생각해보자.

$$100a + 10b + c - (100c + 10b + a) = 99(a - c)$$

$a = c$인 경우에만 0이 된다. 즉, 회문수일 때는 0이 된다는 사실을 알 수 있다.

그 밖에는 99의 배수로 99, 198(99×2), 297(99×3), 396(99×4), 495(99×5), 594(99×6), 693(99×7), 792(99×8), 891(99×9)이 된다.

99에 '뒤집어 빼기' 과정을 반복하면, 다음과 같다.

$$|99 - 990| = 891, \quad |891 - 198| = 693,$$
$$|693 - 396| = 297, \quad |297 - 792| = 495,$$
$$|495 - 594| = 99$$

이 원을 앞에 나온 것처럼 '회오리'로 그린 것이 다음 그림이다.

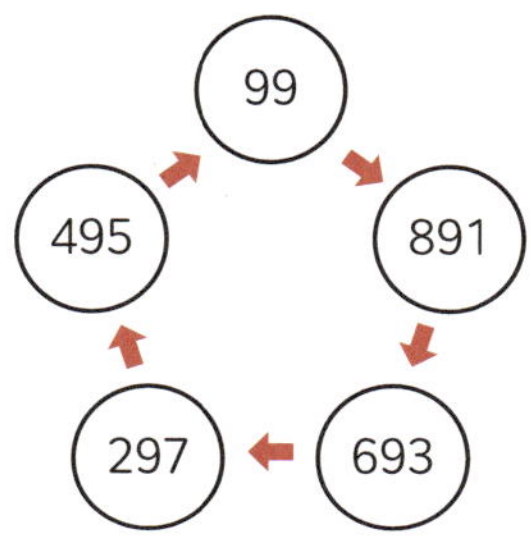

이 원에 나타나지 않는 수는 198, 396, 594, 792이다. 이들 수는 한 번의 과정을 거치면 이 원 속으로 빨려 들어간다.

⚠️ **두 수가 같은 경우를 제외한 세 자리 숫자는 모두 회오리 원(99, 891, 693, 297, 495) 안으로 빨려 들어간다.**

8.5 세 자릿수의 각 숫자 서로 바꾸기

방법을 살짝 바꿔서 세 자릿수를 이루는 숫자 3개를 값이 큰 순서대로 나열한 것에서 작은 순서대로 나열한 것을 빼면서 탐구해보자.

예를 들어 674는 764 − 467 = 297, 226은 622 − 226 = 396, 345는 543 − 345 = 198, 132는 321 − 123 = 198, 479는 974 − 479 = 495, 918은 981 − 189 = 792, 900은 900 − 9 = 891이 된다.

모두 십의 자리가 9이고 9의 배수라는 사실을 알 수 있다. 어떻게 그렇게 될까?

문자식으로 확인해보자. $a \geq b \geq c$라고 하면, 다음과 같다.

$$100a + 10b + c - (100c + 10b + a) = 99a - 99c = 99(a - c)$$

즉, 9의 배수일 뿐 아니라 99의 배수임을 알 수 있다. 또한 세 자릿수가 모두 같은 경우($a = b = c$)에만 값이 0이 된다.

또, 99의 배수는 99, 198(99×2), 297(99×3), 396(99×4), 495(99×5), 594(99×6), 693(99×7), 792(99×8), 891(99×9), 990(99×10)이므로 모두 십의 자리가 9이다.

실제로 a와 c의 차는 최대 9이므로, 결괏값은 891까지만 나타난다.

a와 c의 차가 1일 때는 99가 된다. 따라서 322, 334, 677처럼 a와 c의 차가 1이고 두 숫자로 이루어진 수는, 빼기 과정에서 99가 된다.

이 과정을 반복하면……?

세 자릿수의 각 숫자를 큰 순서대로 나열한 수에서 작은 순서대로 나열한 수를 빼는 과정을 반복해보자.

한 번의 과정을 거치면, 결과는 99, 198, 297, 396, 495, 594, 693, 792, 891 가운데 하나가 된다. 이제 이들 수에 같은 과정을 다시 적용해보자.

99는 $990 - 99 = 891$, 198과 891은 $981 - 189 = 792$, 297과 792는 $972 - 279 = 693$, 396과 693은 $963 - 369 = 594$, 495와 594는 $954 - 459 = 495$이다. 495는 자기 자신으로 돌아간다.

즉, 세 자릿수에서는 두 자릿수 때처럼 '회오리'를 이루지 않고, 같은 숫자인 경우를 제외하면 모든 수가 495로 수렴한다는 사실을 알 수 있다.

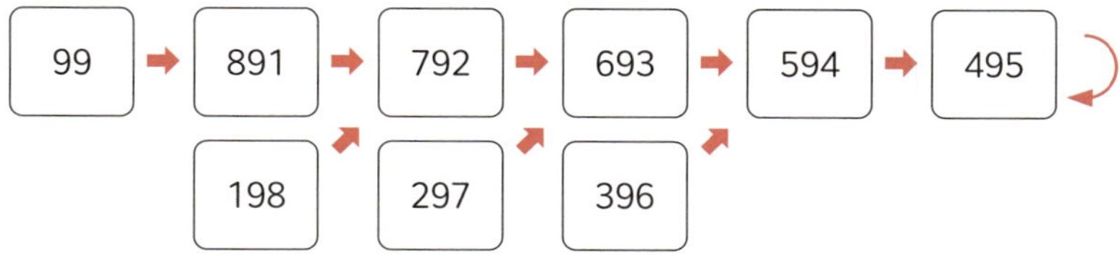

(!) **'큰 순서로 나열한 수에서 작은 순서로 나열한 수를 빼는 과정'을 반복하면, 모든 수는 495에 수렴한다.**

8.6 네 자릿수의 각 숫자를 서로 바꾸면……?

이번에는 자릿수를 하나 더 늘려 네 자릿수의 각 숫자를 큰 순서대로 나열한 수에서 작은 순서대로 나열한 수를 빼는 과정을 생각해보자. 이 과정은 '카프리카 조작'으로 알려져 있으며, 제4장에서 등장한 카프리카 수와 마찬가지로, 인도인 수학자 카프리카에게서 유래했다.

예를 들어 2674는 $7642 - 2467 = 5175$, 5226은 $6522 - 2256 = 4266$, 5221은 $5221 - 1225 = 3996$, 3456은 $6543 - 3456 = 3087$, 1234는 $4321 - 1234 = 3087$, 1000은 $1000 - 1 = 999$이다. 두 자릿수나 세 자릿수일 때와 마찬가지로, 결과는 모두 9의 배수임을 알 수 있다.

문자식으로 확인해보자. $a \geq b \geq c \geq d$일 때,

$$1000a + 100b + 10c + d - (1000d + 100c + 10b + a)$$
$$= 999a + 90b - 90c - 999d = 999(a-d) + 90(b-c)$$
$$= 9(111a + 10b - 10c - 111d)$$

따라서 확실히 9의 배수라는 사실을 알 수 있다. 또한, $b=c$일 때는 999의 배수라는 사실도 확인된다.

$a-d$와 $b-c$는 각각 0부터 9까지의 값을 취하므로, 한 번의 조작으로 나타나는 수는 다음 표와 같이 정리할 수 있다.

$b-c$ $\diagdown$ $a-d$	0	1	2	3	4	5	6	7	8	9
0	0	90	180	270	360	450	540	630	720	810
1	999	1089	1179	1269	1359	1449	1539	1629	1719	1809
2	1998	2088	2178	2268	2358	2448	2538	2628	2718	2808
3	2997	3087	3177	3267	3357	3447	3537	3627	3717	3807
4	3996	4086	4176	4266	4356	4446	4536	4626	4716	4806
5	4995	5085	5175	5265	5355	5445	5535	5625	5715	5805
6	5994	6084	6174	6264	6354	6444	6534	6624	6714	6804
7	6993	7083	7173	7263	7353	7443	7533	7623	7713	7803
8	7992	8082	8172	8262	8352	8442	8532	8622	8712	8802
9	8991	9081	9171	9261	9351	9441	9531	9621	9711	9801

$a \geqq b \geqq c \geqq d$이므로, $a-d$는 $b-c$ 이상이다. 따라서 실제로 나오는 수는 다음과 같다.

$b-c$ $\diagdown$ $a-d$	0	1	2	3	4	5	6	7	8	9
0	0									
1	999	1089								
2	1998	2088	2178							
3	2997	3087	3177	3267						
4	3996	4086	4176	4266	4356					
5	4995	5085	5175	5265	5355	5445				
6	5994	6084	6174	6264	6354	6444	6534			
7	6993	7083	7173	7263	7353	7443	7533	7623		
8	7992	8082	8172	8262	8352	8442	8532	8622	8712	
9	8991	9081	9171	9261	9351	9441	9531	9621	9711	9801

이 표 안에 있는 수들에 같은 조작을 적용해보자.

두 자릿수처럼 '회오리'가 생길까? 아니면 세 자릿수처럼 495 같은 특정 숫자로 수렴할까? 몇 가지 구체적인 계산을 해보자.

예를 들어 5175는,

$$7551 - 1557 = 5994, \ 9954 - 4599 = 5355,$$
$$5553 - 3555 = 1998, \ 9981 - 1899 = 8082,$$
$$8820 - 288 = 8532, \ 8532 - 2358 = 6174,$$
$$7641 - 1467 = 6174$$

이렇게 6174가 나오면 무한 반복이다.

4266의 경우도 $6642 - 2466 = 4176$, $7641 - 1467 = 6174$가 되어 5175와 마찬가지로 6174에 도달한다.

혹시 같은 수로 이루어진 네 자릿수를 제외한 다른 수들은 모두 6174에 도달할까? 이런 예측을 세운 상태에서 다시 탐구를 이어가보자.

'수형도'로 정리하기

결론부터 말하면, 모든 네 자릿수는 이 과정을 반복하면 6174로 수렴한다.

왜 이런 현상이 일어날까? 어떻게 증명할지 생각해보자.

앞에서 제시한 표를 다시 보면, $a - d = b - c = 1$, $a - d = 9$, $b - c = 1$, $a - d = b - c = 9$는 모두 '1, 0, 8, 9'를 나열한 수임을 알 수 있다.

마찬가지로 $a - d = 8$, $b - c = 3$, $a - d = 8$, $b - c = 7$은 '2, 2, 6, 8'을 나열한 수이다. 6174는 $a - d = 6$, $b - c = 2$이다.

a-d \ b-c	0	1	2	3	4	5	6	7	8	9
0	0									
1	999	1089								
2	1998	2088	2178							
3	2997	3087	3177	3267						
4	3996	4086	4176	4266	4356					
5	4995	5085	5175	5265	5355	5445				
6	5994	6084	6174	6264	6354	6444	6534			
7	6993	7083	7173	7263	7353	7443	7533	7623		
8	7992	8082	8172	8262	8352	8442	8532	8622	8712	
9	8991	9081	9171	9261	9351	9441	9531	9621	9711	9801

다시 배열했을 때 같은 수가 되는 수들 중에 하나만 대표로 남기고 지우면, 0을 제외하고 다음 수들이 남는다. 이 남은 30개의 수를 살펴보자.

a-d \ b-c	0	1	2	3	4	5	6	7	8	9
0										
1	999									
2										
3										
4										
5		5085	5175	5265	5355	5445				
6	5994	6084	6174	6264	6354	6444				
7	6993	7083	7173	7263	7353	7443				
8	7992	8082	8172	8262	8352	8442				
9	8991	9081	9171	9261	9351	9441				

$a-d$와 $b-c$의 값을 기준으로 같은 수를 나열해 정리하면, 다음 수들이 같아진다는 것을 알 수 있다. 이를 $a-d \setminus b-c$로 표기한다. 예를 들어 6 \ 4 칸에 6 \ 6과 4 \ 4가 있는 이유는 모두 똑같이 6, 3, 5, 4가 들어가기 때문이다.

	0	1	2	3	4	5
1	1\0					
5		-	-	-	-	-
6	5\0	4\1	4\2	4\3	6\6, 4\4	-
7	4\0	3\1	3\2	7\7, 3\3	7\6	-
8	3\0	2\1	8\8, 2\2	8\7	8\6	-
9	2\0	9\9, 1\1	9\8	9\7	9\6	-

같은 과정을 한 번 더 반복해서 어디로 가는지 다시 정리하면 다음과 같다. 예를 들어 1\0은 999로 가기 때문에 $a = b = c = 9$, $d = 0$이며, 이는 9\0으로 표기한다. 5\3은 5265로 가기 때문에 $a = 6$, $b = c = 5$, $d = 2$이며, 4\0이라서 7\0으로 간다.

	0	1	2	3	4	5
1	9\0					
5		8\0	6\0	7\0 (4\0)	9\0 (2\0)	9\1 (1\1)
6	5\4	8\2	6\2	6\2 (4\2)	7\1 (3\1)	9\0 (2\0)
7	6\3	8\4	6\4	5\3	6\2 (4\2)	7\0 (4\0)
8	7\2	8\4 (8\6)	7\5	6\4	6\2	6\0
9	8\1	9\3 (9\7)	8\4 (8\6)	8\4	8\2	8\0

이를 다음과 같이 '수형도'로 정리해보자.

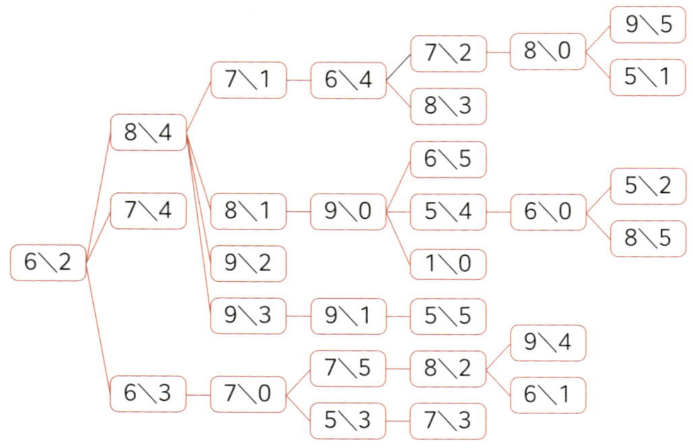

이렇게 모든 수는 6174에 도달한다는 사실을 확인할 수 있다.

이 수형도를 이용하면, 이러한 과정을 몇 번 반복해야 6174에 도달하는지 읽어낼 수 있다. 단, 7 \ 4 또는 6 \ 3을 거치는 경우에는 바로 6174가 아니라, 배열 순서만 다른 4176을 거쳐 6174에 도달하므로 주의해야 한다.

예를 들어 9245는 $a-d=7$, $b-c=1$이므로,

$$7 \setminus 1 \rightarrow 8 \setminus 4 \rightarrow 6 \setminus 2$$
$$(9245 \rightarrow 7083 \rightarrow 8352)$$

이다.

6 \ 2일 때는 8352이므로 한 번 더 조작하면 6174가 된다. 즉, 3번 만에 6174에 도달한다.

또한 7213은 6 \ 1이므로,

$$6 \setminus 1 \rightarrow 8 \setminus 2 \rightarrow 7 \setminus 5 \rightarrow 7 \setminus 0 \rightarrow 6 \setminus 3 \rightarrow 6 \setminus 2$$

$$(7213 \rightarrow 6084 \rightarrow 8172 \rightarrow 7443 \rightarrow 3996 \rightarrow 6264)$$

여기서 7443은 $4 \setminus 0$을 $7 \setminus 0$과 같은 것으로, 6264는 $4 \setminus 2$를 $6 \setminus 2$와 같은 것으로 간주한다. 6264는 4176이 되어, 6174에 도착한다. 즉, 7번 만에 6174에 도달하는 셈이다.

(!) **자릿수를 큰 순서와 작은 순서로 정렬해 차를 구하는 조작은, 같은 수인 경우를 제외하면 네 자릿수에서도 하나의 수, 6174로 수렴한다.**

8.7 콜라츠 추측이란?

어떤 수를 다른 수에 대응시키는 조작 가운데, '콜라츠 추측'이 유명하다.

방법은 이렇다. 2로 나누어떨어지는 자연수, 즉 짝수는 2로 나누고, 2로 나누어떨어지지 않는 자연수, 즉 홀수는 3을 곱한 뒤 1을 더한다. 이 문제는 독일의 수학자 로타르 콜라츠(1910~1990)의 이름에서 유래했다.

구체적인 예를 살펴보자.

2일 때는 $2 \rightarrow 1 \rightarrow 3 \times 1 + 1 = 4 \rightarrow 2 \rightarrow 1$이다. 1이 되면, $1 \rightarrow 4 \rightarrow 2 \rightarrow 1$ 루프에 들어간다는 사실을 알 수 있다.

3일 때는 $3 \rightarrow 3 \times 3 + 1 = 10 \rightarrow 5 \rightarrow 5 \times 3 + 1 = 16 \rightarrow 8 \rightarrow 4 \rightarrow 2 \rightarrow 1$이다. 2의 거듭제곱(2, 4, 8, 16, 32, 64, 128…)에 도달하면, 2로 계속 나눌 수 있으므로 결국 1에 이른다.

4와 5는 이미 2와 3의 계산 과정에서 나왔으니, 이번에는 6과 7을 살펴보자.

$$6 \to 3 \to 3 \times 3 + 1 = 10 \to 5 \to 5 \times 3 + 1 = 16$$
$$\to 8 \to 4 \to 2 \to 1$$
$$7 \to 7 \times 3 + 1 = 22 \to 11 \to 11 \times 3 + 1 = 34$$
$$\to 17 \to 17 \times 3 + 1 = 52 \to 26 \to 13 \to 13 \times 3 + 1 = 40$$
$$\to 20 \to 10 \to 5 \to 5 \times 3 + 1 = 16 \to 8 \to 4 \to 2 \to 1$$

7은 중간에 52까지 커지지만, 결국에는 1에 도달한다.

콜라츠는 이 과정을 통해 모든 수는 1에 도달한다고 추측했지만, 현재까지 그 사실을 증명한 사람은 아무도 없다.

> **미해결 문제**
>
> 모든 자연수는 콜라츠 추측을 반복하면 1에 도달한다.

8.8 콜라츠 추측 탐구하기

짝수의 경우는 2로 나누고, 홀수의 경우는 3을 곱한 뒤 1을 더하는 계산이 바로 콜라츠 추측이다.

그렇다면, 홀수일 경우에 4를 곱하거나 2를 더하는 등 계산 방식을 바꾸면 어떻게 될까?(엑셀 프로그램을 이용한 계산 방법은 책 말미의 칼럼을 참조)

예를 들어 '4를 곱한 뒤 1 더하기'로 계산 방식을 바꾸면, 3은 $3 \times 4 + 1 = 13$, 13은 $13 \times 4 + 1 = 53$이 되어 홀수만 계속 나오므로 수는 끝없이 커지게 된다.

이번에는 '5를 곱한 뒤 1 더하기'로 바꿔보자. 3은 $3 \times 5 + 1 = 16$, $16 = 2^4$이

므로 모두 1에 도달한다.

　다음으로 5는 $5 \times 5 + 1 = 26$, $26 \div 2 = 13$, $13 \times 5 + 1 = 66$, $66 \div 2 = 33$, $33 \times 5 + 1 = 166$, $166 \div 2 = 83$, $83 \times 5 + 1 = 416$, $416 \div 2 = 208$, $208 \div 2 = 104$, $104 \div 2 = 52$, $52 \div 2 = 26$이 되어 다시 26으로 돌아온다.

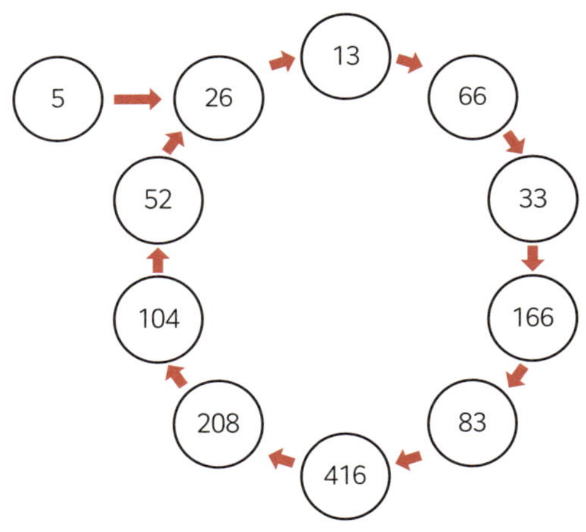

　따라서 이후로도 26, 13, 66, 33, 166, 83, 416, 208, 104, 52라는 루프를 계속 돌며 1에는 도달하지 않는다.

방식을 계속해서 바꿔보면 어떨까?

이번에는 '4를 곱한 뒤 2 더하기' 방식으로 바꿔보자. 3은 $3 \times 4 + 2 = 14$, $14 \div 2 = 7$, $7 \times 4 + 2 = 30$, $30 \div 2 = 15$, $15 \times 4 + 2 = 62$, $62 \div 2 = 31$, $31 \times 4 + 2 = 126$, $126 \div 2 = 63$이다. 2로 나누어떨어지는 경우가 있긴 하지만, 수의 크기는 점점 커질 것 같다.

	1회	2회	3회	4회	5회	6회	7회	8회	⋯
3	14	7	30	15	62	31	126	63	⋯

짝수에 주목해서 보면, 14에 세 번 조작을 하면 $15 = 14 + 1$이 되고, 30에 세 번 조작을 하면 $31 = 30 + 1$이 되고, 62에 세 번 조작을 하면 $63 = 62 + 1$이 된다.

또한 홀수는 4를 곱한 뒤 2를 더하므로, 4로 나누면 항상 나머지가 2인 수가 된다. 즉, 4의 배수가 되지 않기 때문에 두 번 연속 2로 나누는 일은 일어나지 않는다. 홀수에 두 번 조작을 하면 다음과 같다.

$$\{(2n + 1) \times 4 + 2\} \div 2 = 4n + 3$$

이를 $4n + 3 = 2 \times (2n + 1) + 1$로 보면, 홀수는 2를 곱하고 1이 더해진 수가 된다.

따라서 처음부터 2, 4, 8, 16, ⋯처럼 2^n인 수가 아니라면, 이 과정을 반복할수록 수는 점점 커지게 된다.

'3을 곱한 뒤 2 더하기'로 방식을 바꾸면, 3은 $3 \times 3 + 2 = 11$, $11 \times 3 + 2 = 35$로 홀수만 나오기 때문에 수는 끝없이 커진다.

'3을 곱한 뒤 3 더하기'로 방식을 바꾸면, 3은 $3 \times 3 + 3 = 12$, $12 \div 2 = 6$, $6 \div 2 = 3$이 되어 다시 원래 수로 돌아온다.

다음으로 '3을 곱한 뒤 4 더하기'로 방식을 바꾸면, 3은 $3 \times 3 + 4 = 13$, $13 \times 3 + 4 = 43$이 되어 계속 커진다.

마지막으로 '3을 곱한 뒤 5 더하기'로 방식을 바꾸면, $3 \to 14 \to 7 \to 26 \to 13 \to 44 \to 22 \to 11 \to 38 \to 19 \to 62 \to 31 \to 98 \to 49 \to$

$152 \rightarrow 76 \rightarrow 38 \rightarrow \cdots$이 되어, $38 \rightarrow 19 \rightarrow 62 \rightarrow 31 \rightarrow 98 \rightarrow 49 \rightarrow$ $152 \rightarrow 76$의 루프를 빙글빙글 돌게 된다.

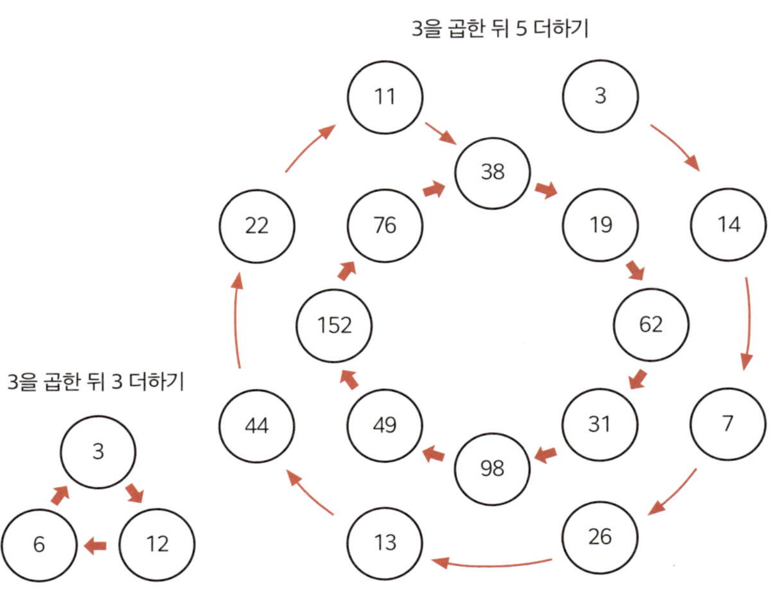

홀수 조작	현상
4배 하고 1 더하기	계속해서 커지는 수가 있다(홀수인 상태에서 커진다)
5배 하고 1 더하기	루프를 맴도는 수가 있다
4배 하고 2 더하기	계속해서 커지는 수가 있다
3배 하고 2 더하기	계속해서 커지는 수가 있다(홀수인 상태에서 커진다)
3배 하고 3 더하기	루프를 맴도는 수가 있다
3배 하고 4 더하기	계속해서 커지는 수가 있다(홀수인 상태에서 커진다)
3배 하고 5 더하기	루프를 맴도는 수가 있다

⚠ 콜라츠 추측에서 '3배'나 '1 더하기'라는 규칙을 바꾸면, 기존과 비슷한 패턴
이 나타나지 않고 새로운 현상을 만나게 된다.

제 3 부

'도형'에 대한 센스 연마하기

제 9 장

정다면체를 탐구하며
수학 센스 연마하기

제1부에서는 '수'에 대한 센스를 단련하는 것이 테마였고, 제2부에서는 '수'를 '도형'으로 바라보는 센스를 익히며 중학 수학의 본질을 탐구했다.

이제 이 책의 마지막 부분인 제3부에서는 '도형' 자체에 대한 센스를 기르는 데 주안점을 두고, 중학 수학에서 배우는 여러 가지 도형을 탐구하려고 한다. 이 장에서는 그 중심에 자리 잡고 있는 '정다면체'를 다룬다.

정다면체는 중학교 1학년 과정에서 처음 배우며, 그 종류가 단 5개뿐이라는 사실은 이미 알고 있을 것이다. 하지만 수의 조작을 바꿨더니 새로운 수의 성질이 모습을 드러냈듯이, 정다면체를 인식하는 관점을 바꾸면 새로운 정다면체의 얼굴이 엿보일 것이다.

과연 어떤 정다면체가 숨어 있는지 천천히 살펴보도록 하자. 이 장의 포인트는 다음 3가지다.

- ⊘ **정다면체는 정말 5개뿐일까?**
- ⊘ **정다면체가 성립하는 조건을 바꾸면 어떻게 될까?**
- ⊘ **정다면체 다섯 종류는 서로 어떤 관계가 있을까?**

몇 개의 평면으로 둘러싸인 입체도형을 '다면체'라고 한다. 그중에서도 대칭적인 모양을 가진 '정다면체'가 유명하다.

정다면체는 다음 3가지 조건을 모두 만족하는 다면체를 일컫는다.

1. 모든 면이 합동인 정다각형으로 이루어져 있다.
2. 모든 꼭짓점에는 같은 수의 면이 모여 있다.
3. 오목한 부분이 없다.

정다면체에는 다음 그림에 보이는 것처럼 정사면체, 정육면체, 정팔면체, 정십이면체, 정이십면체의 다섯 종류가 있다.

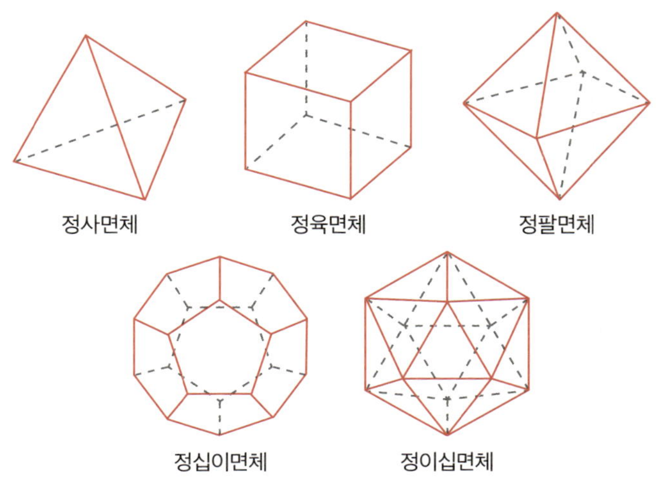

정사면체는 꼭짓점이 4개, 변이 6개, 면이 4개인 입체도형으로, 각 꼭짓점

에는 정삼각형이 3개씩 모여 있다. 정다면체의 성질은 다음 표에 정리했다.

	꼭짓점의 수	변의 수	면의 수	정다각형	각 꼭짓점에 모이는 면의 수
정사면체	4	6	4	정삼각형	3
정육면체	8	12	6	정사각형	3
정팔면체	6	12	8	정삼각형	4
정십이면체	20	30	12	정오각형	3
정이십면체	12	30	20	정삼각형	5

　꼭짓점이나 변의 개수는 일일이 세지 않아도 도형의 성질을 이용하면 구할 수 있다.

　예를 들어 정십이면체는 12개의 정오각형으로 이루어져 있다. 정오각형 12개의 변의 수는 $5 \times 12 = 60$개이다. 이 변들은 두 개씩 맞붙어서 정십이면체를 이루므로, $60 \div 2 = 30$개가 변의 개수임을 알 수 있다.

　또한 정오각형 12개의 꼭짓점 수는 $5 \times 12 = 60$개이고, 정십이면체는 꼭짓점이 3개씩 모이므로 $60 \div 3 = 20$개가 꼭짓점 개수이다.

9.2　정다면체는 오직 다섯 종류

5개의 정다면체를 처음으로 기술한 사람은 고대 그리스의 철학자 플라톤(기원전 427~기원전 347)이라고 알려져 있다. 이 때문에 정다면체를 '플라톤의 입체도형'이라고 부르기도 한다.

　정다면체가 다섯 종류밖에 존재하지 않는 이유는, 한 꼭짓점에 모이는 면의 각도 합을 생각하면 이해할 수 있다.

예를 들어 정삼각형을 한 꼭짓점에 6개 이상 모이게 하면, 각도의 합이 $60° \times 6 = 360°$로 평면이 되어버린다. 이 경우에는 조립을 하고 싶어도 꺼지는 부분이 생기게 된다.

마찬가지로, 정사각형을 한 꼭짓점에 4개 이상 모이게 하면, 각도의 합이 $90° \times 4 = 360°$로 평면이 되고, 조립하려 해도 꺼지는 부분이 생긴다.

또한 정오각형을 한 꼭짓점에 4개 이상 모이게 하면 $108° \times 4 = 432°$가 되어, 이 역시 조립하려 해도 꺼지는 부분이 생긴다.

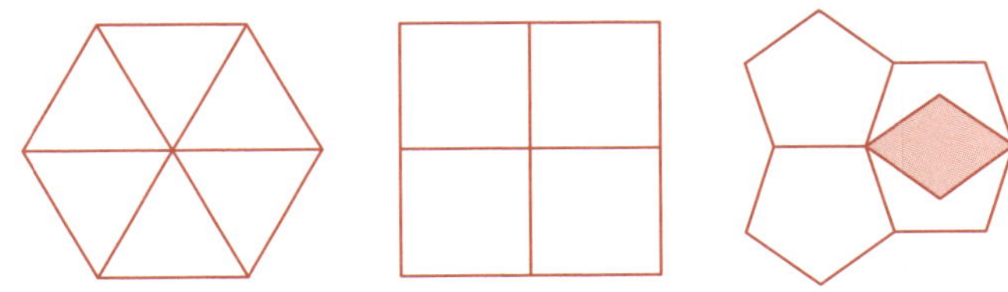

한편, 정다면체가 5개 존재한다는 사실은 예를 들어 공간 좌표를 이용해 각 꼭짓점의 좌표를 설정하는 방식으로도 증명할 수 있다.

(!) **정다각형의 내각과 그 합을 고려하면, 정다면체는 여섯 종류 이상 존재할 수 없다는 사실을 알 수 있다.**

9.3 첫 번째 조건에서 '정다각형' 제외하기

정다면체의 정의에서 일부를 제외해 생각해보면 어떻게 될까?

정다면체의 첫 번째 조건인 '모든 면이 합동인 정다각형으로 이루어져 있

다'에서 '정다각형'을 제외하고 '모든 면이 합동인 다각형으로 이루어져 있
다'로 바꾸면, 이등변삼각형 4개를 조립해서 만든 사면체를 생각할 수 있다.

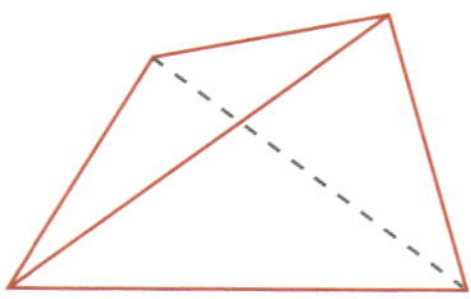

이와 같은 방식으로 정팔면체나 정이십면체의 각 면을 이등변삼각형으
로 바꾼 형태도 생각할 수 있다.

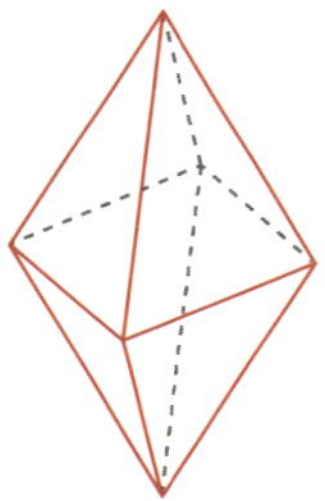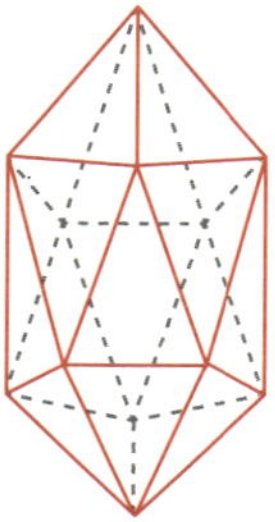

정육면체의 면을 합동인 마름모로 바꾼 마름모 입체도형도 존재한다.

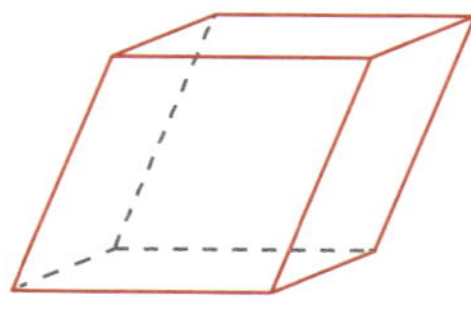

여러 종류의 다각형으로 이루어진 입체도형에 대해서는 다음 절에서 다
시 살펴보자.

⚠️ **첫 번째 조건을 '모든 면이 합동인 다각형으로 이루어져 있다'로 바꾸면, 마치 정다면체를 잡아당긴 듯한 다면체가 나타난다.**

<table>
<tr><td>**9.4**</td><td>**두 번째 조건 '모든 꼭짓점에는 같은 수의 면이 모여 있다' 제외하기**</td></tr>
</table>

정다면체의 두 번째 조건인 '모든 꼭짓점에는 같은 수의 면이 모여 있다'를 제외하면, 5가지 정다면체 이외에도 이 조건을 만족하는 다른 다면체가 존재한다는 사실을 알 수 있다.

즉, 모든 면이 합동인 정다각형이기만 하다면, 꼭짓점에 모이는 면의 개수는 일정하지 않아도 된다. 예를 들어 정사면체 2개를 붙여서 만들어지는 6개의 정삼각형으로 이루어진 다면체나, 10개의 정삼각형으로 이루어진 다면체를 생각할 수 있다.

'델타 다면체'란?

일반적으로 모든 면이 정삼각형이며 오목한 부분이 없는 다면체를 '델타 다면체'라고 부른다.

정삼각형이 각각 4, 6, 8, 10, 12, 14, 16, 20개까지 총 8종류의 델타 다면체가 존재한다고 알려져 있다[다음 페이지 그림. 숫자는 '면의 개수(정삼각형의 개수)'를 나타낸다]. 이 중에서 4, 8, 20은 각각 정사면체, 정팔면체, 정이십면체에 해당한다.

참고로, 십팔면체는 존재하지 않는다는 것이 증명되었다.

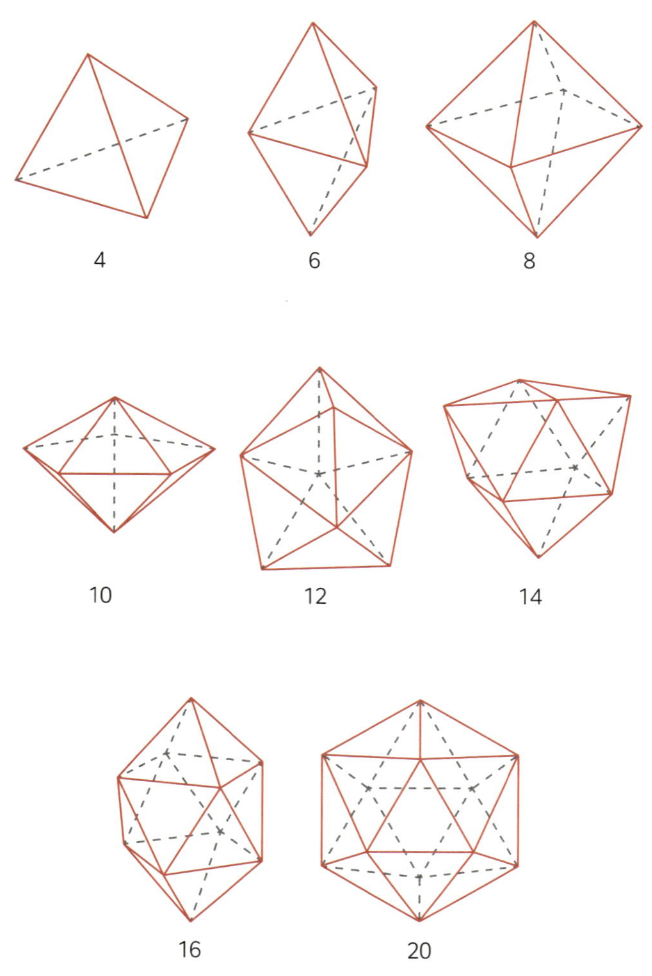

⚠ **18을 제외한 4부터 20까지의 짝수 개 정삼각형으로 다면체를 만들 수 있다.**

정다면체의 세 번째 조건인 '오목한 부분이 없다'를 제외하면, 정이십면체의 일부가 오목하게 들어간 다면체를 생각할 수 있다.

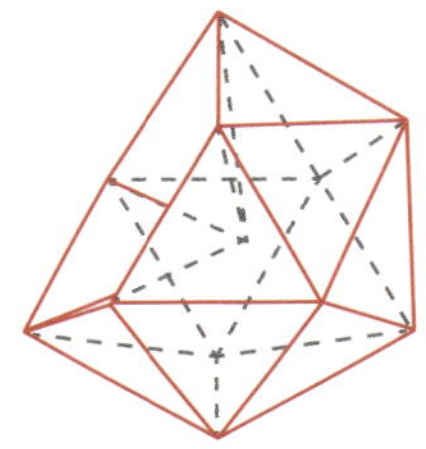

위의 그림과 같은 다면체가 실제로 존재하기 때문에 정다면체의 정의에서 '오목한 부분이 없다'라는 조건이 반드시 필요하다는 사실을 알 수 있다.

오목한 부분이 없는 다면체를 '볼록 다면체'라고 한다. 이제부터는 볼록 다면체를 중심으로 살펴보도록 하자.

9.6 정다면체의 '쌍대'란?

각 면의 중심(정짝수각형은 꼭짓점의 대각선 교점, 정홀수각형은 꼭짓점과 마주 보는 변의 중점을 연결한 선분의 교점)에 새로운 꼭짓점을 찍고, 면이 변을 공유할 때 그 꼭짓점들을 서로 연결하면, 새로운 다면체가 만들어진다.

이렇게 해서 만들어진 다면체를 원래 다면체의 '쌍대'라고 부른다. 다음 그림에 나타냈듯이, 정육면체는 정팔면체의 쌍대이며, 정팔면체 역시 정육면체의 쌍대이다.

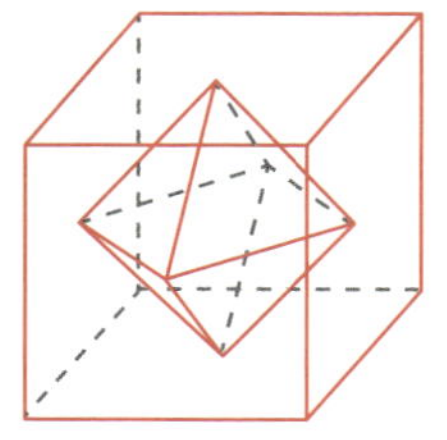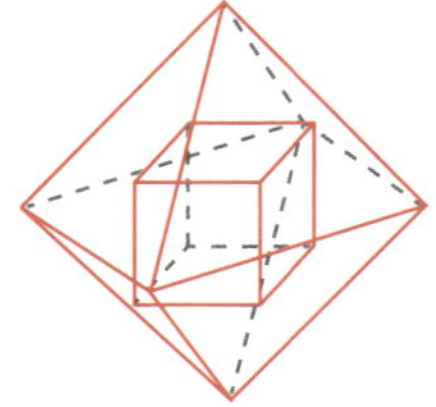

일반적으로 쌍대의 쌍대는 원래의 다면체로 되돌아간다. 정십이면체는 정이십면체의 쌍대이며, 정이십면체는 정십이면체의 쌍대이다.

쌍대 관계에서는 꼭짓점과 면이 일대일로 대응하기 때문에 꼭짓점의 개수와 면의 개수가 서로 같다. 또한 정다각형의 변의 개수와 각 꼭짓점에 모이는 면의 개수 사이에도 대응 관계가 있다. 마지막으로, 정사면체는 자기 자신과 쌍대 관계에 있다.

	꼭짓점의 수	변의 수	면의 수	정다각형	각 꼭짓점에 모이는 면의 수
정사면체	4	6	4	정삼각형	3
정육면체	8	12	6	정사각형	3
정팔면체	6	12	8	정삼각형	4
정십이면체	20	30	12	정오각형	3
정이십면체	12	30	20	정삼각형	5

(!) **정다면체는 꼭짓점, 변, 면의 개수 사이에 일정한 관계가 있을 뿐 아니라, 형태적으로도 '쌍대'라는 대응 관계를 지닌다.**

정육면체의 전개도는 모두 11가지가 있다. 뒤집거나 회전시켰을 때 겹치는 것은 같은 전개도로 간주한다.

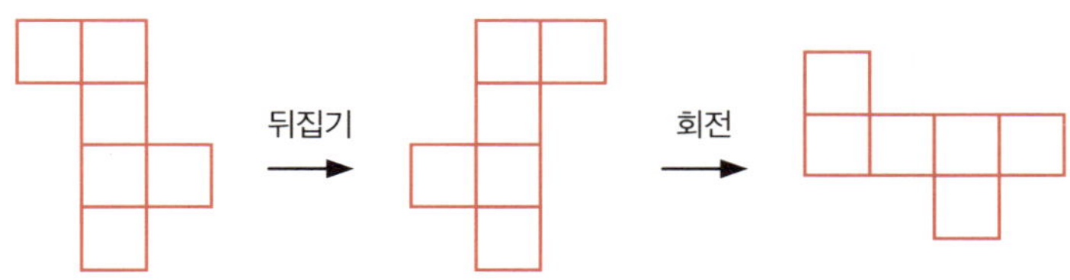

정팔면체의 전개도를 그려보면 역시 총 11가지라는 사실을 알 수 있다.

두 전개도의 개수가 같다는 것은 단순한 우연이 아니다. 정육면체와 정팔면체의 전개도 사이에는 일대일의 대응 관계가 존재하기 때문이다.

정육면체를 펼쳐 전개도를 만들 때는 12개의 변 가운데 7개를 자르고 5개는 남긴다.

반대로 정팔면체를 펼쳐 전개도를 만들 때는 12개의 변 가운데 5개를 자르고 7개는 남긴다.

잘라낸 변과 남겨둔 변을 서로 대응시키면, 두 다면체에서 서로 같은 수의 전개도가 생긴다는 사실을 알 수 있다. 그 관계를 그림으로 나타내면 다음과 같다.

정십이면체와 정이십면체의 전개도 개수도 마찬가지로, 둘 다 4만 3380 가지가 있다고 알려져 있다. 정이십면체의 전개도 예시를 아래에 몇 가지 소개하겠다.

9.8 정다면체 속의 정다면체

정육면체의 쌍대는 정팔면체이다. 즉, 정육면체 속에는 정팔면체가 숨어 있다고 볼 수 있다.

다음의 왼쪽 그림에서 나타냈듯이, 정육면체의 꼭짓점 4개를 선택해 연결하면, 그 안에 정사면체가 숨어 있다는 사실도 알 수 있다.

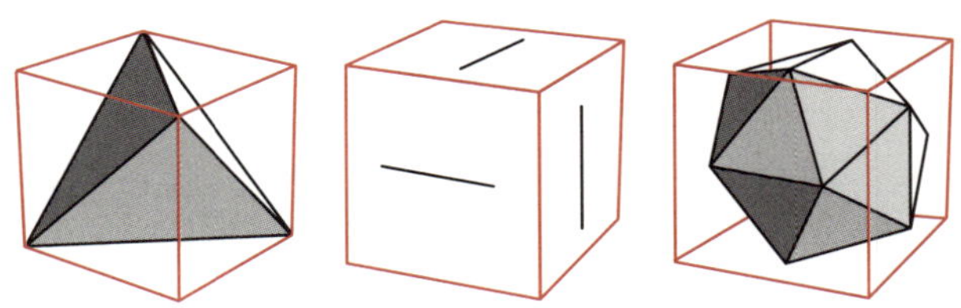

앞 페이지의 가운데 그림을 보면, 한 변의 길이가 1인 정육면체의 각 면 중앙에 길이가 $\frac{\sqrt{5}-1}{2}$인 선분을 잡아 연결하면, 정이십면체가 숨어 있는 것을 알 수 있다.

정십이면체는 다음 그림처럼, 정육면체의 각 면에 지붕처럼 생긴 도형을 붙여서 만들 수 있다. 이때 직육면체의 꼭짓점 8개와 지붕 6개 위에 있는 두 꼭짓점까지 총 20개가 정십이면체의 꼭짓점에 대응한다. 이는 곧, 정십이면체의 꼭짓점 20개 가운데 8개를 선택해 연결하면 정육면체가 만들어진다는 뜻이다.

또한 정십이면체의 꼭짓점을 4개 선택하면, 그 안에서 정사면체를 찾아낼 수도 있다.

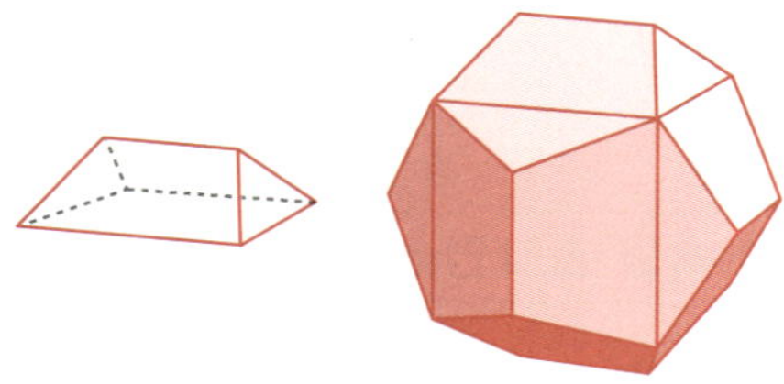

⚠ 정다면체 속에는 또 다른 정다면체가 숨어 있다. 꼭짓점과 변, 면을 유심히 살피며 다른 형태들도 찾아보자.

9.9 아르키메데스의 입체도형

정다면체의 첫 번째 조건인 '모든 면이 합동인 정다각형으로 이루어져 있다'를 '모든 면이 (몇 종류이든 상관없이) 정다각형으로 이루어져 있다'로 바꾸어 다면체를 생각해보자.

동시에 두 번째 조건인 '모든 꼭짓점에는 같은 수의 면이 모여 있다'는 '모든 꼭짓점에는 같은 모양이 같은 순서로 모여 있다'로 바꾸어보자. 세 번째 조건인 '오목한 부분이 없다'는 그대로 유지한다.

예를 들어 한 꼭짓점에 정사각형 2개와 정삼각형 2개가 모여 있을 때를 생각해보자. 이 경우 모든 꼭짓점에서 '정사각형 – 정삼각형 – 정사각형 – 정삼각형 순' 또는 '정사각형 – 정사각형 – 정삼각형 – 정삼각형 순' 중 하나로 배열되어 있어야 한다.

'정사각형 – 정삼각형 – 정삼각형 – 정사각형 순'은 처음 형태를 바꾸면 '정사각형 – 정사각형'이 이어진 형태로 볼 수 있으므로, 결국 '정사각형 – 정사각형 – 정삼각형 – 정삼각형 순'과 같다고 할 수 있다.

옆면이 정사각형인 정삼각기둥은 모든 면이 정다각형만으로 이루어져 있으며, 모든 꼭짓점에서 '정삼각형 – 정사각형 – 정사각형 순'으로 배열되어 있고 오목한 부분이 없으므로 조건을 만족한다. 마찬가지로, 옆면이 정사각형인 정오각기둥, 정육각기둥, 정칠각기둥, 더 일반적으로는 정n각기둥도 모두 이 조건을 만족한다.

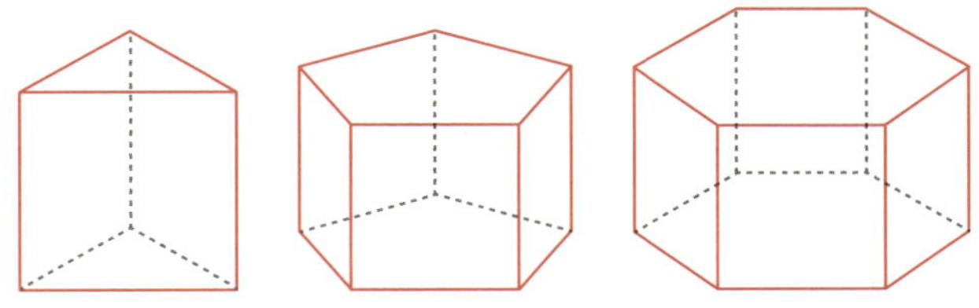

옆면의 정사각형을 정삼각형 2개로 바꾼 입체도형도 앞의 조건을 만족

한다. 이러한 형태를 정반각기둥(우리나라에서 흔히 쓰이는 용어는 아니다 - 옮긴이)이라고 한다.

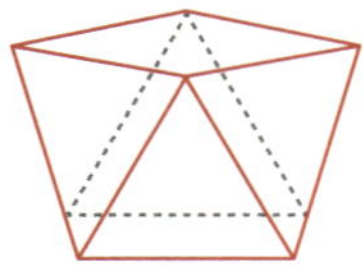 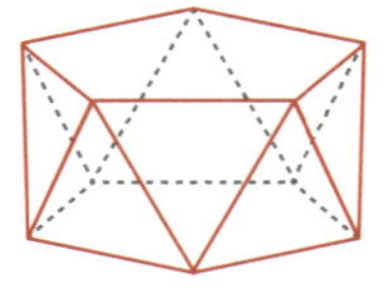 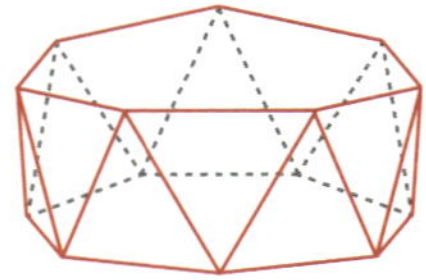

정n각기둥, 정반각기둥과 더불어, 다음 그림과 같은 구형 다면체 외에 이 조건을 만족하는 다면체를 '아르키메데스의 입체도형' 또는 '반정다면체' 라고 한다.

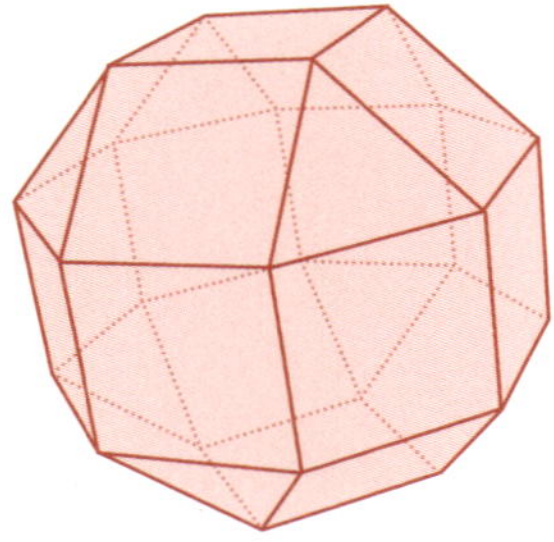

흰색과 검은색 면으로 이루어진 고전적인 축구공이 바로 아르키메데스 입체도형의 대표적인 예이다.

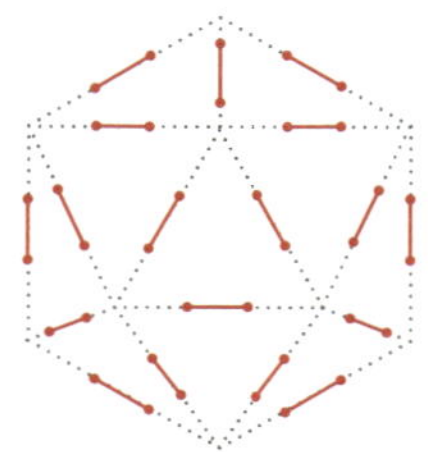 

이 도형은 정오각형과 정육각형으로만 이루어져 있으며, 모든 꼭짓점에는 '정오각형-정육각형-정육각형 순'으로 면이 배열되어 있고 오목한 부분이 없다. 앞 페이지 왼쪽 아래 그림에서 볼 수 있듯이, 이 입체도형은 정이십면체의 각 변을 3등분하고 꼭짓점 부근을 잘라내 만든 형태이다.

축구공 전개도는 무려 300가지 이상!

축구공은 한 꼭짓점 주위에 정오각형 하나와 정육각형 두 개가 모여 있기 때문에, 이 구성을 [5, 6, 6]으로 나타내도록 하자. 정이십면체의 꼭짓점 부근을 잘라낸 형태이므로, 깎은 정이십면체라고 부른다. 이 깎은 정이십면체의 전개도는 무려 375,291,866,372,898,816,000가지(3해 7529경 1866조 3728억 9881만 6000가지)나 되는 것으로 유명하다.

축구공처럼 정다면체의 각 변을 3등분하고 꼭짓점 부근을 잘라내면, 아르키메데스의 입체도형이 4가지 더 만들어진다.

깎은 정사면체 [3, 6, 6]: 정삼각형 4개, 정육각형 4개

깎은 정육면체 [3, 8, 8]: 정삼각형 8개, 정팔각형 6개

깎은 정팔면체 [4, 6, 6]: 정사각형 6개, 정육각형 8개

깎은 정십이면체 [3, 10, 10]: 정삼각형 20개, 정십각형 12개

다음 그림은 왼쪽부터 순서대로 깎은 정사면체, 깎은 정육면체, 깎은 정팔면체, 깎은 정십이면체이다.

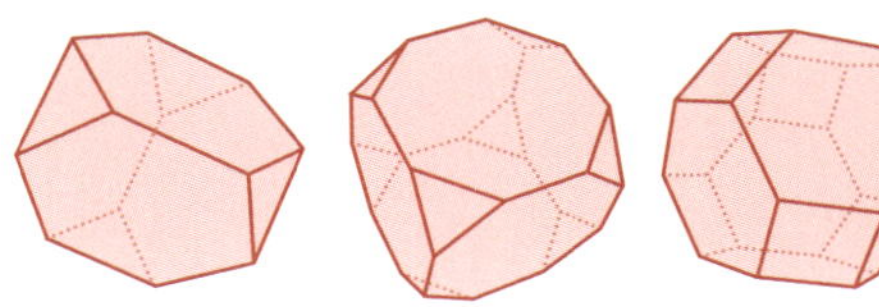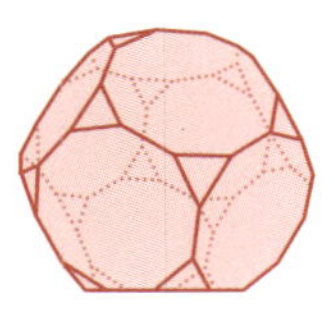

'입방팔면체', '이십·십이면체'란?

정육면체의 각 변의 중점을 연결하면, 한 꼭짓점에 정삼각형, 정사각형, 정삼각형, 정사각형이 차례로 이어지는 아르키메데스의 입체도형이 만들어진다. 정팔면체의 변의 중점을 연결해도 같은 입체도형이 나타난다.

이 입체도형을 입방팔면체라고 하며, 꼭짓점 배열은 [3, 4, 3, 4]로 쓴다.

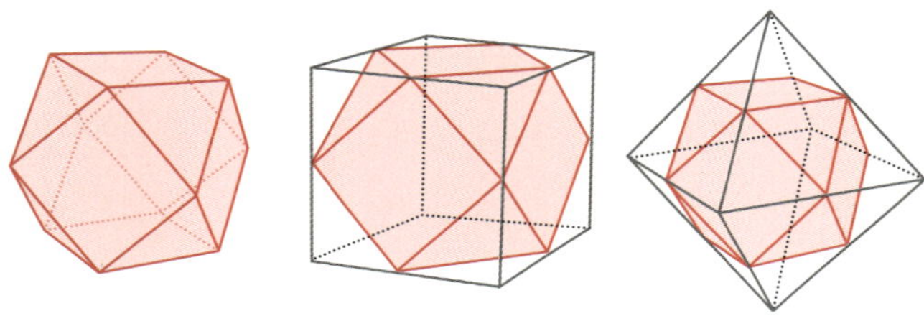

마찬가지로 정십이면체와 정이십면체의 변의 중점을 연결하면, 한 꼭짓점에 정삼각형, 정오각형, 정삼각형, 정오각형이 모이는 아르키메데스의 입체도형이 만들어진다.

이 도형은 이십·십이면체라고 하며, 꼭짓점 배열은 [3, 5, 3, 5]로 쓴다.

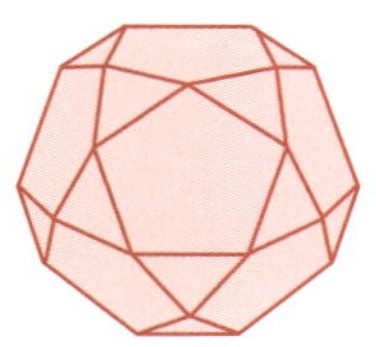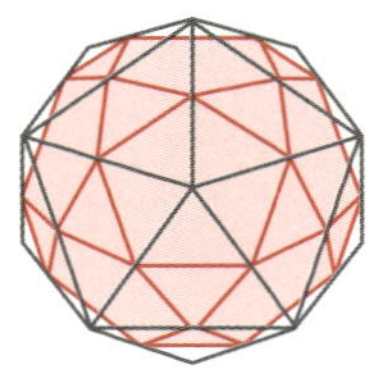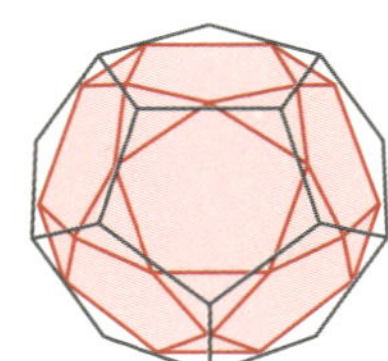

정육면체와 정팔면체의 각 면을 위로 들어 올리고 그 사이에 정사각형을 끼워 합체시키면, 각 꼭짓점에 정삼각형과 정사각형 3개가 모이는 아르키메데스의 입체도형이 만들어진다.

이 입체도형은 사방입방팔면체라고 부르며, 꼭짓점 배열은 [3, 4, 4, 4]로 쓴다.

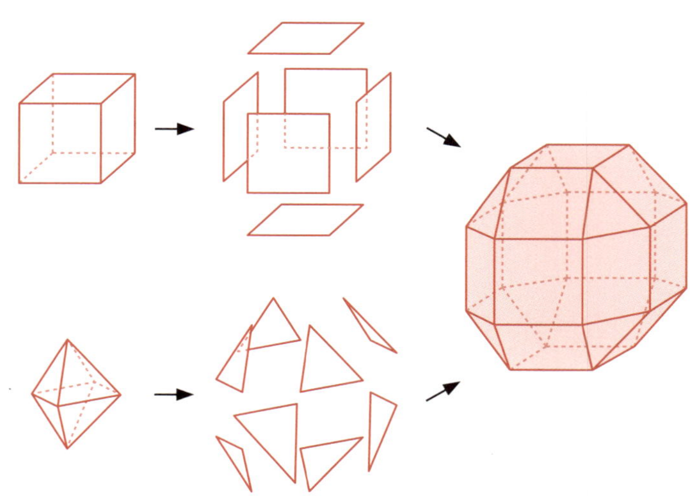

정십이면체와 정이십면체의 각 면을 들어 올리고 그 사이에 정사각형을 끼워 합체시키면, 각 꼭짓점에 정삼각형, 정사각형, 정오각형, 정사각형이 모이는 아르키메데스의 입체도형이 만들어진다.

이 도형은 사방이십·십이면체라 하며, 꼭짓점 배열은 [3, 4, 5, 4]로 쓴다.

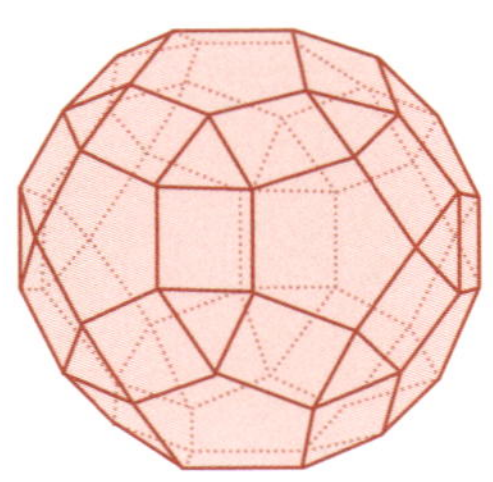

깎은 정육면체의 정팔각형과 깎은 정팔면체의 정육각형을 각각 들어 올리고 그 사이에 정사각형을 끼워 넣으면, 각 꼭짓점에 정사각형, 정육각형, 정팔각형이 모이는 아르키메데스의 입체도형이 만들어진다.

이 도형은 사방절정입방팔면체라 부르며, 꼭짓점 배열은 [4, 6, 8]로 쓴다.

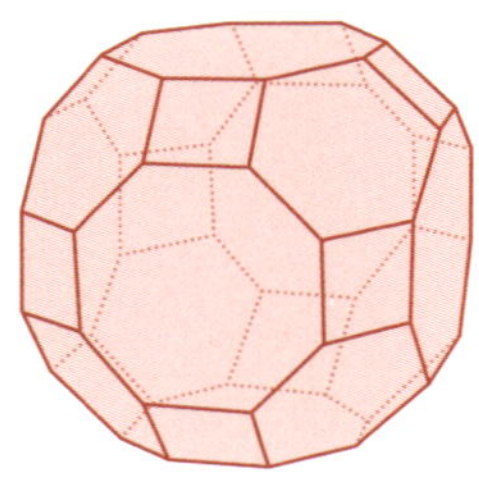

깎은 정십이면체의 정십각형과 깎은 정이십면체의 정육각형을 각각 들어 올리고 그 사이에 정사각형을 끼워 넣으면, 각 꼭짓점에 정사각형, 정십각형, 정육각형이 모이는 아르키메데스의 입체도형이 만들어진다.

이 도형은 사방절정이십·십이면체라 부르며, 꼭짓점 배열은 [4, 6, 10]으로 쓴다.

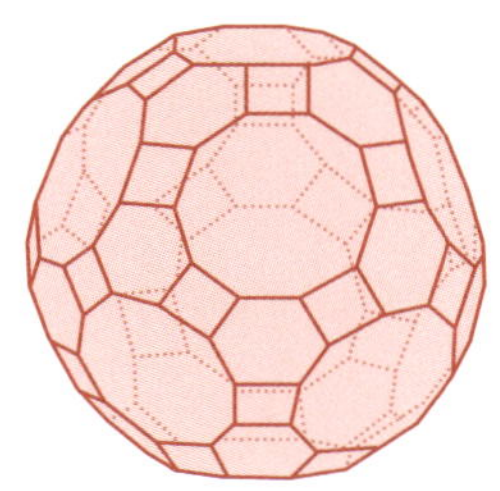

정육면체의 각 면을 들어 올리고 살짝 비틀어 그 사이에 정삼각형을 끼워 넣으면, 각 꼭짓점에 정사각형과 4개의 정삼각형이 모이는 아르키메데스의 입체도형이 만들어진다.

이 도형은 변형 정육면체라 하며, 꼭짓점 배열은 [3, 3, 3, 3, 4]로 쓴다. 비트는 방향이 달라지면, 거울에 비친 듯 모양이 달라진 다면체가 나타난다.

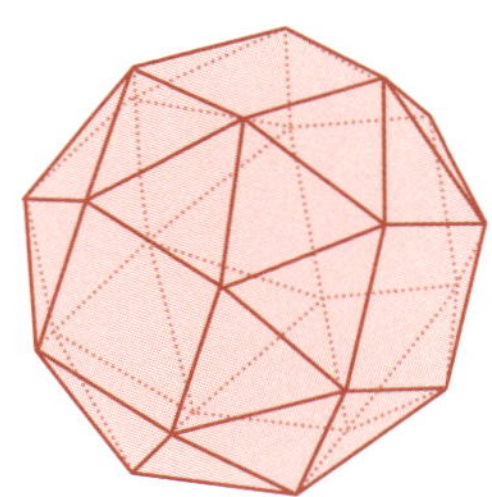

정십이면체의 각 면을 들어 올리고 살짝 비틀어 그 사이에 정삼각형을 끼워 넣으면, 각 꼭짓점에 정오각형과 4개의 정삼각형이 모이는 아르키메데스의 입체도형이 만들어진다.

이 도형은 변형 십이면체라 부르며, 꼭짓점 배열은 [3, 3, 3, 3, 5]로 쓴다.

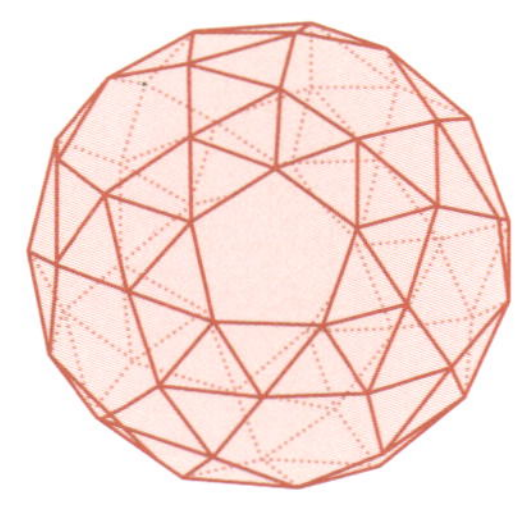

각 다면체의 꼭짓점, 변, 면의 개수, 면의 모양을 다음 페이지의 표에 정리했다.

이제 이런 수들을 효율적으로 세는 방법이 없을지 궁리해보자.

예를 들어 깎은 정이십면체의 꼭짓점 개수는 정오각형끼리 꼭짓점을 공유하지 않으며, 다면체의 각 꼭짓점에 하나씩 대응된다. 따라서 오각형의 꼭짓점 개수인 5에 정오각형의 개수를 곱해 $5 \times 12 = 60$으로 구할 수 있다.

또한 입방팔면체의 변의 개수는 정삼각형끼리 변을 공유하지 않으며, 다면체의 각 변이 모두 정삼각형의 변에 대응하므로 삼각형의 변 개수인 3에 도형의 개수를 곱해 $3 \times 8 = 24$로 구할 수 있다. 정사각형도 같은 방식으로, $4 \times 6 = 24$개가 된다.

(!) **정다각형이 각 꼭짓점에 똑같이 모이는 다면체는 정다면체를 제외하고 13 종류 있으며, 각 도형이 고유의 아름다움을 지녔다. 어떤 개성이 숨어 있는지, 직접 탐구해보기 바란다.**

9.10 존슨 입체도형

모든 면이 정다각형으로 이루어져 있고 오목한 부분이 없으며, 꼭짓점이 하나의 구(球) 표면 위에 놓여 있는 다면체를 '존슨 입체도형'이라고 한다.

	기호	꼭짓점 개수	변 개수	면 개수	면의 모양
깎은 정사면체	[3, 6, 6]	12	18	8	정삼각형 4개, 정육각형 4개
깎은 정육면체	[3, 8, 8]	24	36	14	정삼각형 8개, 정팔각형 6개
깎은 정팔면체	[4, 6, 6]	24	36	14	정사각형 6개, 정육각형 8개
깎은 정십이면체	[3, 10, 10]	60	90	32	정삼각형 20개, 정십각형 12개
깎은 정이십면체	[5, 6, 6]	60	90	32	정오각형 12개, 정육각형 20개
입방팔면체	[3, 4, 3, 4]	12	24	14	정삼각형 8개, 정사각형 6개
이십·십이면체	[3, 5, 3, 5]	30	60	32	정삼각형 20개, 정오각형 12개
사방입방팔면체	[3, 4, 4, 4]	24	48	26	정삼각형 8개, 정사각형 18개
사방이십· 십이면체	[3, 4, 5, 4]	60	120	62	정삼각형 20개, 정사각형 30개, 정오각형 12개
사방절정입방 팔면체	[4, 6, 8]	48	72	26	정사각형 12개, 정육각형 8개, 정팔각형 6개
사방절정이십· 십이면체	[4, 6, 10]	120	180	62	정사각형 30개, 정육각형 20개, 정십각형 12개
변형 정육면체	[3, 3, 3, 3, 4]	24	60	38	정삼각형 32개, 정사각형 6개
변형 십이면체	[3, 3, 3, 3, 5]	60	150	92	정삼각형 80개, 정오각형 12개

정다면체, 반정다면체, 정다각기둥, 반정다각기둥을 제외하면, 92종류의 존슨 입체도형이 존재한다고 알려져 있다. 몇 가지 예를 들어보겠다.

J_1은 밑면이 정사각형이고 옆면이 정삼각형인 정사각뿔이다. J_2는 밑면이 정오각형이고 옆면이 정삼각형인 정오각뿔이다.

J_3은 밑면이 정육각형이고 옆면에 정삼각형과 정사각형이 교대로 이어지며 윗면이 정삼각형이다. J_4는 밑면이 정팔각형이고 옆면에 정삼각형과 정사각형이 교대로 이어지며 윗면이 정사각형이다. J_5는 밑면이 정십각형이고 옆면에 정삼각형과 정사각형이 교대로 이어지며 윗면이 정오각형이다.

J_6은 밑면이 정십각형이고 옆면에 정삼각형과 정오각형이 교대로 이어지며, 나열된 정오각형 위에 정삼각형이 붙어 윗면이 정오각형이다.

J_7은 정삼각기둥 위에 정사면체가 올라가 있다. J_8은 정육면체 위에 정사각뿔이 올라가 있으며, J_9는 정오각기둥 위에 정오각뿔이 올라가 있다. J_{10}은 정반사각기둥 위에 정사각뿔이 올라가 있고, J_{11}은 정반오각기둥 위에 정오각뿔이 올라가 있다.

그 밖에 J_{74}는 사방이십·십이면체와 비슷해 보이지만, 꼭짓점 주위에 정사각형이 접해 있는 것과 그렇지 않은 것이 있다. J_{85}는 정삼각형 24개, 정사각형 2개로 이루어져 있다.

(!) **정다각형만으로 만들어지는 다면체만 해도 그 수가 상당하다. 여기서 소개한 도형 말고 다른 도형들도 확인하고, 그 특징을 찾아보자.**

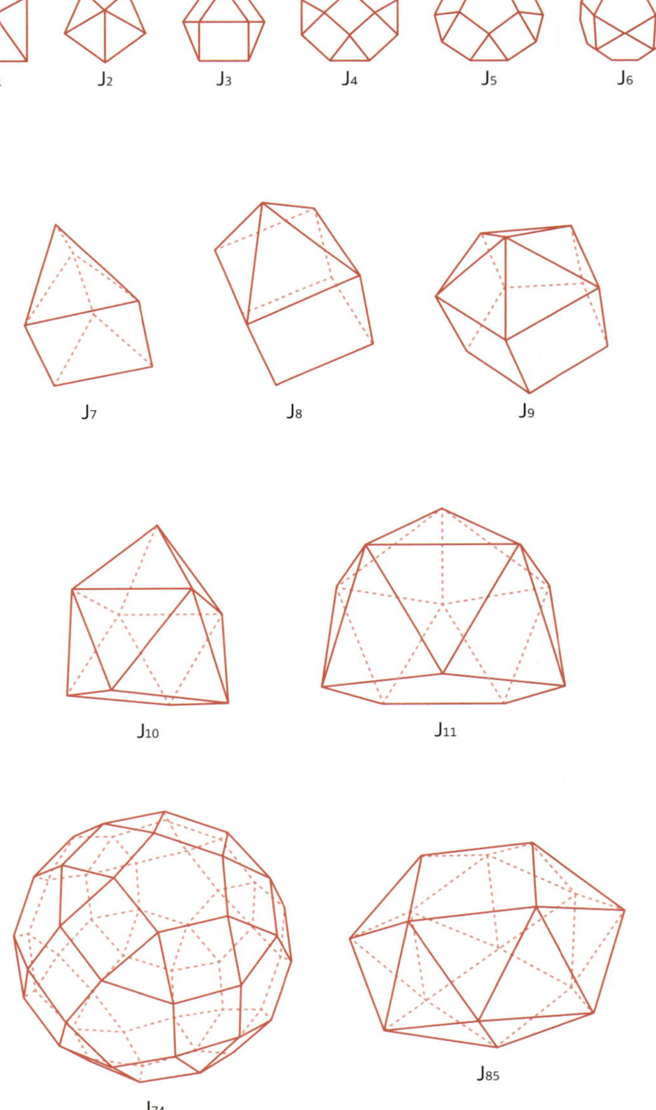

J1
J2
J3
J4
J5
J6
J7
J8
J9
J10
J11
J74
J85

다면체를 탐구하며 수학 센스 연마하기

앞 장에서는 정다면체와 관련해 특별한 형태의 다면체들을 살펴보았다.

이번 장에서는 '오목한 부분이 없는' 일반적인 볼록 다면체를 대상으로, n면체의 개수나 모든 다면체에 공통으로 적용되는 성질을 탐구하려고 한다. 또한 다면체의 전개도에 대해서도 생각해보자.

이 장의 핵심 포인트는 다음 4가지다.

- ✓ 다면체는 몇 종류로 구분할 수 있을까? 그 개수 '세는 법'을 생각해보자.
- ✓ 다각형과 다면체는 어떤 점이 비슷하고 어떤 점이 다를까? 꼭짓점, 변, 면의 특징을 비교하며 살펴보자.
- ✓ 모든 다면체에서 성립하는 공식의 위력을 확인하자.
- ✓ 우리 주변의 다면체들을 일상에서 찾아보고, 그 특징을 알아보자.

10.1 볼록 다면체의 개수

'다면체의 개수'는 어떻게 셀 수 있을까? 다시 말해, 다면체는 몇 종류로 구분할 수 있을까?

너무 세세하게 나누면, 세상에 존재하는 모든 다면체가 제각각이 되어버린다. 하지만 수학에서는 공통된 성질과 특징을 찾아 하나(그룹)로 묶는 시각이 중요하다.

그래서 면의 크기나 형태가 조금 달라도, 다각형의 연결 방식이 같다면 같은 다면체로 본다. 또한 변의 길이를 바꿔 이동시키는 것도 같은 것으로 간주한다. 단, 변의 길이를 0으로 만드는 조작은 예외다.

예를 들어 다음 그림에 보이는 다면체는 모두 같은 그룹이다.

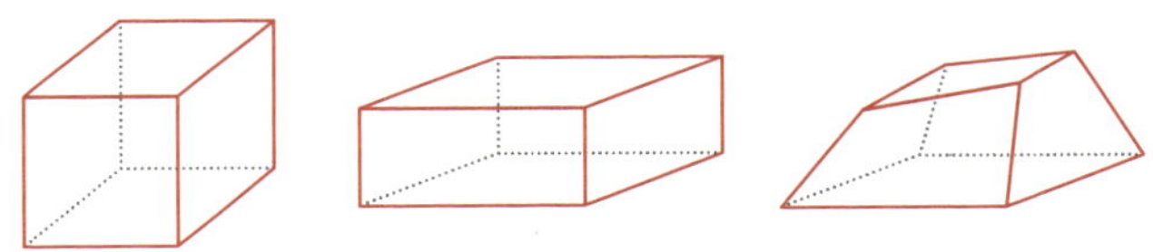

평면 위에서 선분으로 이루어진 다각형은 변의 개수(= 인접한 변이 이루는 각의 개수)에 따라 'n변형'(예를 들어 사변형)이나 'n각형'(예를 들어 육각형)으로 부른다.

오목한 부분이 없는 다면체는 면의 개수에 따라 'n면체'라고 표현한다. 면의 개수가 가장 적은 것은 사면체로, 삼각뿔 한 종류밖에 없다. 오면체에는 사각뿔과 삼각기둥으로 두 가지가 있고, 육면체에는 오각뿔과 사각기둥을 포함해 총 7종류가 있다.

여기서 말하는 종류란, 세 변이 다른 삼각형과 정삼각형, 정사각형과 사다리꼴 등을 구별하지 않는다는 뜻이다. 즉, 사면체라고 하면 '4개의 삼각형이 맞닿아 있는 형태'라는 점만으로 동일하게 본다는 의미다.

다음 그림을 보며 구체적인 예를 살펴보자.

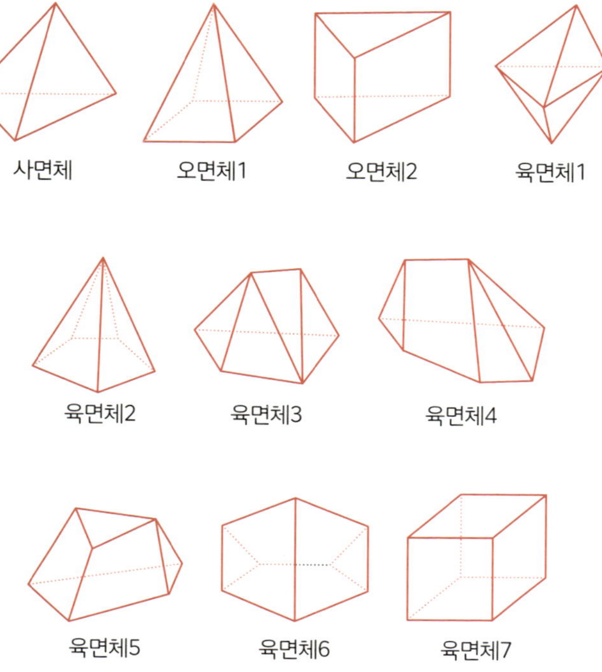

오면체1은 밑면이 정사각형이든 사다리꼴이든 모두 포함해 같은 형태로 구분했다. 즉, 다면체는 다각형들이 어떻게 연결되어 있는지에 따라 구분하는 것이다.

칠면체는 34종류, 팔면체는 257종류, 구면체는 2606종류, 십면체는 3만 2300종류, 십일면체는 약 4만 4000종류, 그리고 십이면체는 무려 약 650만 종류가 있는 것으로 알려져 있다.

다음 표를 보면, 육면체 1~7은 각각 면을 이루는 다각형의 수가 달라서 서로 다른 다면체로 분류된다는 사실을 알 수 있다.

사면체	삼각형 4개
오면체1	삼각형 4개, 사각형 1개
오면체2	삼각형 2개, 사각형 3개
육면체1	삼각형 6개
육면체2	삼각형 5개, 오각형 1개
육면체3	삼각형 4개, 사각형 2개
육면체4	삼각형 3개, 사각형 2개, 오각형 1개
육면체5	삼각형 2개, 사각형 4개
육면체6	삼각형 2개, 사각형 2개, 오각형 2개
육면체7	사각형 6개

칠면체 중에는 삼각형 6개와 사각형 1개로 이루어진 다면체가 두 종류 있다. 다음 두 그림도 밑면인 사각형의 네 변에 삼각형이 붙어 있는 형태다.

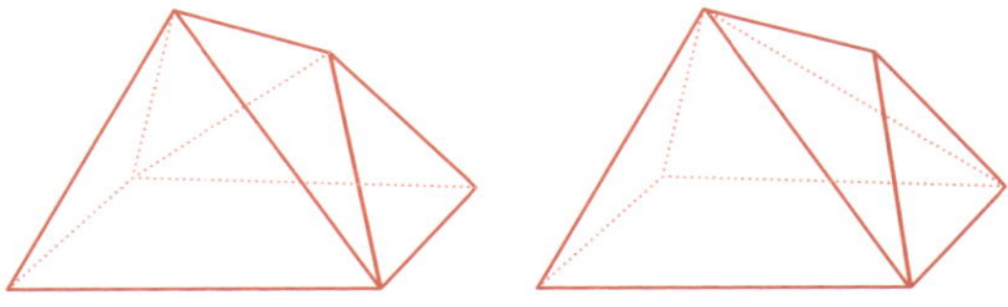

하지만 오른쪽 그림에는 5개의 변이 한 꼭짓점에서 모이는 부분이 존재하는 반면, 왼쪽 그림에는 그런 꼭짓점이 존재하지 않는다. 따라서 이 두 도형은 서로 다른 다면체로 분류한다.

(!) **면의 개수가 많아질수록 다면체의 개수는 폭발적으로 증가한다. 그 결과, 단순히 면의 모양이나 개수만으로는 구별이 되지 않는 다면체들도 등장한다. 이처럼 공통점과 차이점을 세심히 관찰하는 과정에서 우리는 '도형'에 대한 감각을 기를 수 있다.**

다각형에서는 꼭짓점의 개수와 변의 개수가 항상 같다. 예를 들어 삼각형
은 꼭짓점도 3개, 변도 3개이므로 3 = 3, 사각형은 꼭짓점과 변이 모두 4개
이므로 4 = 4이다.

그렇다면 다면체는 어떨까?

면의 개수가 4개에서 6개인 다면체의 꼭짓점, 변, 면의 개수가 어떤 관계
에 있는지 알아보자.

	꼭짓점의 개수	변의 개수	면의 개수
사면체	4	6	4
오면체1	5	8	5
오면체2	6	9	5
육면체1	5	9	6
육면체2	6	10	6
육면체3	6	10	6
육면체4	7	11	6
육면체5	7	11	6
육면체6	8	12	6
육면체7	8	12	6

다면체에서는 다각형처럼 '꼭짓점과 변의 개수가 같다'는 관계는 보이지
않는다. 대신, 꼭짓점과 변의 개수의 '차이'를 비교하면 흥미로운 사실이 보
인다. 사면체에서는 그 차가 2이고, 오면체 1과 2에서는 3, 육면체 1∼7에서
는 모두 4라는 사실이다.

즉, 면의 개수가 1 늘어날 때마다, (변의 개수) − (꼭짓점의 개수)도 1씩 증

가한다는 것이다. 이 다면체들에 공통되는 꼭짓점, 변, 면의 개수의 관계는
이렇게 나타낼 수 있다.

$$(\text{변의 개수}) - (\text{꼭짓점의 개수}) - (\text{면의 개수}) = -2$$

양변의 부호를 바꾸고 항의 순서를 정리하면 '오일러의 다면체 공식'이
나온다. 제6장의 오일러의 추론과 제7장의 오일러 함수에서도 등장한 위대
한 수학자, 바로 그 오일러가 발견한 공식이다.

> **오일러의 다면체 공식**
>
> $$(\text{꼭짓점의 개수}) - (\text{변의 개수}) + (\text{면의 개수}) = 2$$

이 식은 실제로 모든 다면체에서 성립하는 관계식으로 알려져 있다. 실제
로 정다면체를 예로 확인해보면 다음과 같다.

정사면체 $4 - 6 + 4 = 2$

정육면체 $8 - 12 + 6 = 2$

정팔면체 $6 - 12 + 8 = 2$

정십이면체 $20 - 30 + 12 = 2$

정이십면체 $12 - 30 + 20 = 2$

이로써 모든 같은 결과가 나왔다. 이 관계는 다면체뿐 아니라 n각기둥이
나 n각뿔에서도 성립한다.

n각기둥 $2n - 3n + (n+2) = 2$

n각뿔 $(n+1) - 2n + (n+1) = 2$

⚠ **다면체의 꼭짓점, 변, 면의 개수에 대해서는 언제나 오일러의 다면체 공식이
성립한다.**

평면도형에서 n각형의 내각의 합은 $180 \times (n-2)$이며, 꼭짓점의 개수에 따라 내각의 합이 결정된다. 예를 들어 삼각형은 $180°$이고, 사각형은 두 개의 삼각형으로 나눌 수 있으므로 $360°$이다.

그렇다면 공간도형에서도 이 규칙이 그대로 적용될까?

예를 들어 사면체는 삼각형 4개로 이루어져 있으므로 $180° \times 4 = 720°$가 되고, 이것이 전체 면의 내각 합이다.

오면체1은 삼각형 4개와 사각형 1개로 구성되어 있으므로 $180° \times 4 + 360° = 1080°$이며, 오면체2는 삼각형 2개와 사각형 3개로 되어 있어 $180° \times 2 + 360° \times 3 = 1440°$가 된다.

앞에서 살펴본 것처럼, 면의 개수가 4개에서 6개인 다면체에 대해서도 같은 방식으로 각 면의 내각 합을 계산해 표에 정리했다.

	꼭짓점의 개수	변의 개수	면의 개수	면의 내각 합
사면체	4	6	4	720
오면체1	5	8	5	1080
오면체2	6	9	5	1440
육면체1	5	9	6	1080
육면체2	6	10	6	1440
육면체3	6	10	6	1440
육면체4	7	11	6	1800
육면체5	7	11	6	1800
육면체6	8	12	6	2160
육면체7	8	12	6	2160

꼭짓점의 개수가 1개 늘어날 때마다 면의 내각의 합도 $360°$씩 증가한다. 공간도형도 다각형처럼 꼭짓점이 내각의 합을 결정하는 듯 보인다. 즉, 다

음과 같은 식이 성립할 것으로 예측할 수 있다.

다면체의 내각 합 = 180 × (꼭짓점의 개수 × 2 - 4)

그렇다면, 이 식이 실제로 성립한다는 사실을 어떻게 증명할까? 다각형 때와 마찬가지로, 각 면을 삼각형으로 나누어 전체 내각 합을 계산하는 방침이다.

또한 꼭짓점은 영어로 'vertex', 변은 'edge', 면은 'face'이기 때문에 머리글자를 따서 각각 v, e, f로 개수를 나타내는 경우가 있다. 앞으로 공식을 다룰 때 사용할 예정이니 기억해두자.

모든 면을 삼각형으로 분할한다. 예를 들어 오각형은 3개의 삼각형, n각형은 $(n-2)$개의 삼각형으로 나눌 수 있다. 이렇게 면을 분할하더라도 꼭짓점의 개수나 내각의 합은 변하지 않는다.

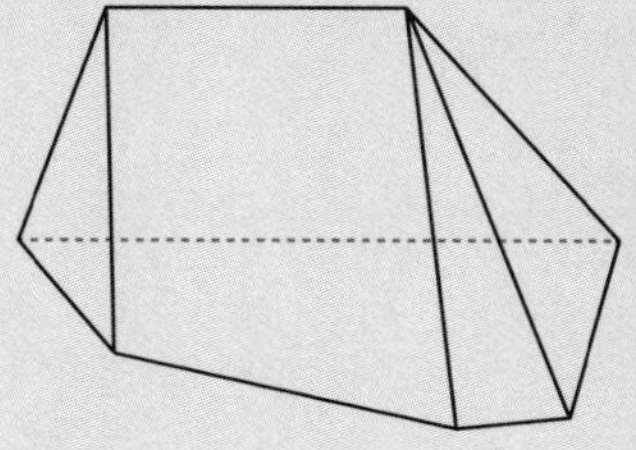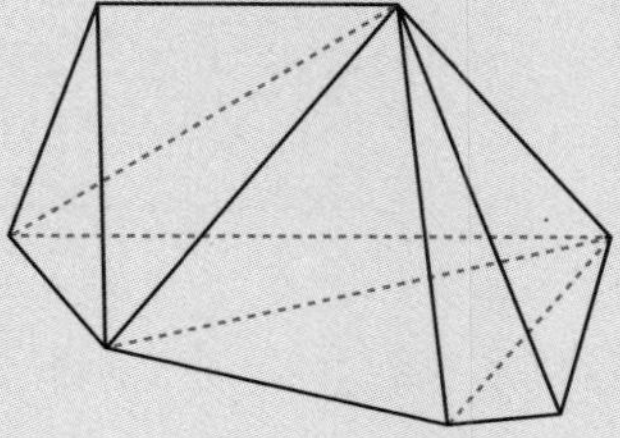

이제 분할된 다면체의 면의 개수를 f라고 하자. 모든 면이 삼각형이기 때문에 한 면당 변이 3개씩 있고, 각 변은 두 면이 만나기 때문에 중복된다. 따라서 $3f \div 2$가 바로 변의 개수 e이다. 즉, $e = \dfrac{3f}{2}$이다.

오일러의 다면체 공식에 대입하면, 다음 식이 성립한다.

$$v - \dfrac{3f}{2} + f = 2$$

$$f = 2v - 4$$

⚠️ **면의 내각 합은 꼭짓점의 수로 결정된다.**

10.4 다면체 꼭짓점의 부족도 합

평면도형에서는 모든 다각형의 외각의 합이 360°라는 성질이 있다.

공간도형에서는 과연 어떨까? 이번에는 공간도형에도 외각의 개념을 적용해 탐구해보자.

다각형의 외각은 각 꼭짓점에서 만나는 두 변이 '직선에 얼마나 가까운가'로 파악할 수 있다.

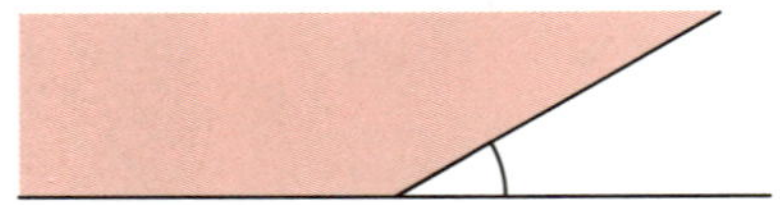

입체도형의 경우는 각 꼭짓점에서 만나는 면들이 '평면에 얼마나 가까운가'를 측정한다고 생각하면 된다. 이를 알아보기 위해 한 꼭짓점에 모여 있는 면들의 내각의 합을 계산해보자.

정육면체는 정사각형 3개가 한 꼭짓점에서 만나므로 $90° \times 3 = 270°$이다. 정팔면체는 정삼각형 4개가 만나므로 $60° \times 4 = 240°$이다.

옆면이 정삼각형인 정오각뿔은 위쪽 꼭짓점에서는 $60° \times 5 = 300°$, 밑면의 다섯 꼭짓점에서는 $60° \times 2 + 108° = 228°$가 된다.

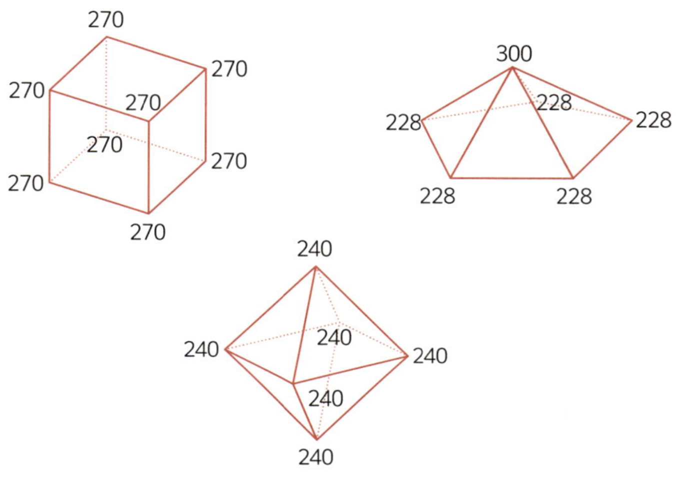

각 꼭짓점의 '부족도'를 다음과 같이 정의하겠다.

$$부족도 = 360° - (한 꼭짓점에서 만나는 면들의 내각의 합)$$

이 값은 꼭짓점 주변만을 펼쳐 본 전개도에서 다음과 같이 생각할 수 있다.

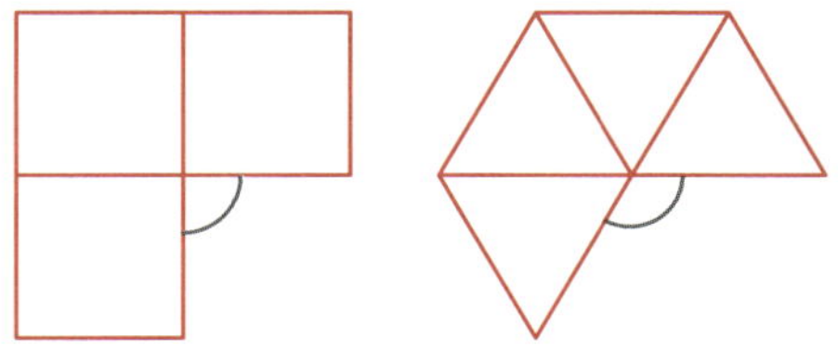

예를 들어 정육면체에서는 한 꼭짓점의 부족도가 $360° - 270° = 90°$이고, 정팔면체에서는 $360° - 240° = 120°$이다.

옆면이 정삼각형인 정오각뿔의 경우, 위의 꼭짓점에서는 $360° - 300°$

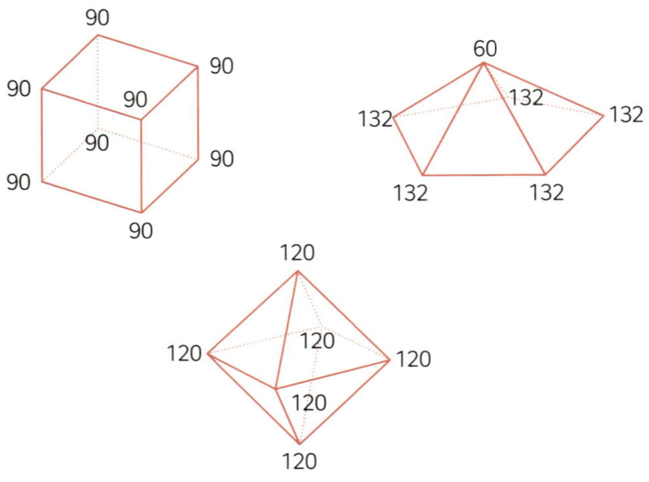

$=60°$, 밑면의 다섯 꼭짓점에서는 $360° - 228° = 132°$이다.

데카르트의 정리

부족도의 합을 구해보자.

정육면체에서는 $90° \times 8 = 720°$, 정팔면체에서는 $120° \times 6 = 720°$, 정오각뿔에서는 $60° + 132° \times 5 = 720°$이다. 흥미롭게도, 이렇게 구한 부족도의 총합은 다각형의 외각의 합이 항상 $360°$인 것처럼 모두 똑같이 $720°$이다.

이 사실은 일반적으로 모든 다면체에 성립하며, '데카르트의 정리'라고 부른다. 이 이름은 정리를 발견한 르네 데카르트(1596~1650)에게서 유래했다.

> ### 데카르트의 정리
> 모든 다면체는 부족도의 합이 $720°$이다.

단, 이 정리에서는 다음 그림처럼 '구멍 뚫린 도넛' 모양의 입체도형을 다면체로 간주하지 않는다.

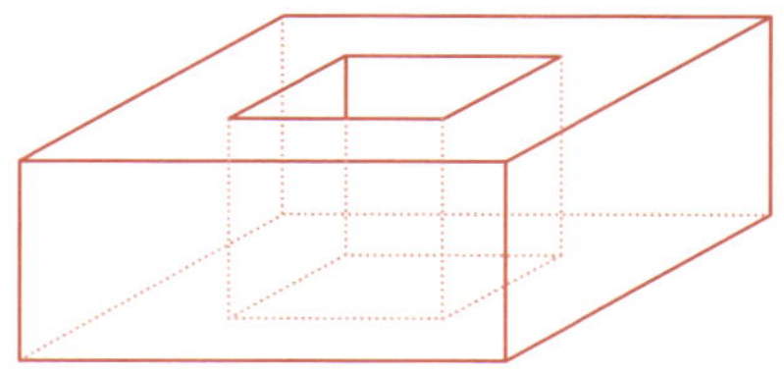

데카르트의 정리 증명하기

데카르트의 정리는 어떻게 증명할까?

모든 면을 삼각형으로 분할한다.
면의 개수를 f라고 하면, 각 면은 삼각형이므로 변을 3개씩 가지지만,
각 변은 두 면이 공유하여 중복되므로

$3f \div 2$가 변의 개수 e 이다. 즉, $e = \dfrac{3f}{2}$ 이다.

이제 각 꼭짓점에서 360 − (꼭짓점에 모이는 면의 내각의 합)을 계산한다.
꼭짓점의 개수를 v라고 하면, 모든 면이 삼각형이므로
외각의 합은 $360v - 180f$이다.
오일러의 다면체 공식 $v - e + f = 2$에

$e = \dfrac{3f}{2}$ 를 대입하면, $v - \dfrac{f}{2} = 2$ 이다.

따라서 외각의 총합은 $360v - 180f = 360 \left(v - \dfrac{f}{2} \right) = 720$이다.

꼭짓점, 변, 면과 더불어 부족도를 정리한 표는 다음과 같다. 부족도는 항상 720 ÷ (꼭짓점의 개수)라는 사실을 확인해보자.

	기호	꼭짓점의 개수	변의 개수	면의 개수	꼭짓점의 부족도
정사면체	[3, 3, 3]	4	6	4	180°
정육면체	[4, 4, 4]	8	12	6	90°
정팔면체	[3, 3 ,3, 3]	6	12	8	120°
정십이면체	[5, 5, 5]	20	30	12	36°
정이십면체	[3, 3, 3, 3, 3]	12	30	20	60°
깎은 정사면체	[3, 6, 6]	12	18	8	60°
깎은 정육면체	[3, 8, 8]	24	36	14	30°
깎은 정팔면체	[4, 6, 6]	24	36	14	30°
깎은 정십이면체	[3, 10, 10]	60	90	32	12°
깎은 정이십면체	[5, 6, 6]	60	90	32	12°
입방 팔면체	[3, 4, 3, 4]	12	24	14	60°
이십·십이면체	[3, 5, 3, 5]	30	60	32	24°
사방입방팔면체	[3, 4, 4, 4]	24	48	26	30°
사방이십·십이면체	[3, 4, 5, 4]	60	120	62	12°
사방절정입방팔면체	[4, 6, 8]	48	72	26	15°
사방절정이십·십이면체	[4, 6, 10]	120	180	62	6°
변형 정육면체	[3, 3, 3, 3, 4]	24	60	38	30°
변형 십이면체	[3, 3, 3, 3, 5]	60	150	92	12°

⚠ **다면체에서도 다각형과 마찬가지로 외각(부족도)의 정리가 성립한다. 다각형과 비교하면서 확인해보자.**

10.5 '다면체의 전개도'에 관한 미해결 문제

입체도형이 복잡해질수록 전개도의 패턴도 놀라울 만큼 많아진다. 예를 들어 정십이면체와 정이십면체의 전개도는 무려 4만 3380가지나 된다.

이번에는 정육면체의 일부를 잘라 만든 입체도형을 생각해보자.

이 입체도형을 한 변을 따라 잘라내면, 평평하게 펼칠 수는 있지만 평면 위에서 일부 면이 겹치는 전개도가 만들어진다. 반대로, 다른 변을 따라 잘라내면 이번에는 평면 위에서도 겹침이 없는 전개도를 얻을 수 있다.

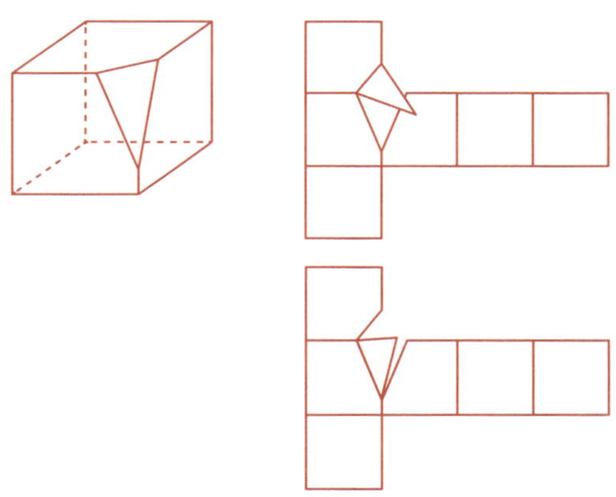

여기서 이런 의문이 생긴다. '모든 다면체는 평면 위에서 겹침이 없는 전개도를 가질까?'

이 문제는 사실 오목한 부분이 없는 다면체(볼록 다면체)의 경우 아직 미해결 문제로 남아 있다. 즉, 모든 볼록 다면체는 겹침 없는 전개도를 평면에 펼칠 수 있는지, 혹은 모든 볼록 다면체는 어떻게 전개해도 반드시 겹침이 생기는 특별한 다면체가 존재하는지, 그 해답은 아직 밝혀지지 않았다.

미해결 문제

오목한 부분이 없는 다면체는 평면 위에서 겹침이 없는 전개도를 가질까?

참고로, 오목한 부분이 있는 다면체의 경우에는 어떻게 전개해도 반드시 겹침이 생기는 특별한 다면체가 존재한다는 사실이 밝혀져 있다. 예를 들자면, 다음 그림과 같은 입체도형에서 12개의 작은 입체도형을 잘라낸 다면체가 있다.

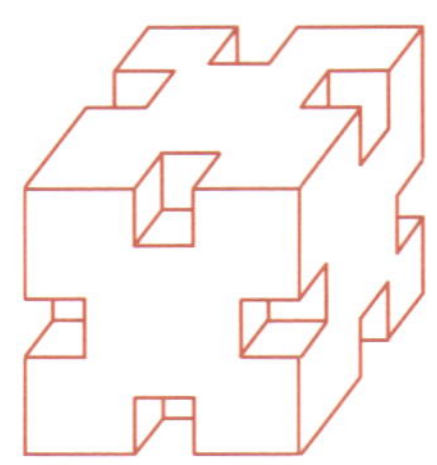

이 다면체의 전개도를 만들면, 어느 변을 따라 잘라내더라도 오목한 부분에서 반드시 겹침이 생긴다[에릭 드메인·조셉 오루크, 『Geometric Folding Algorithms(기하학적 종이접기 알고리즘)』, 2007 참조].

(!) **다면체의 전개도에는 이렇게 소박해 보이면서도 깊은 미해결 문제가 남아 있다. 그 밖에도 어떤 흥미로운 문제들이 숨어 있는지 찾아보자.**

10.6 '면의 내부'를 잘라내는 전개도

앞에서는 변을 따라 잘라내는 전개도를 살펴봤다.

여기서는 면의 내부를 잘라내도 되는 전개도를 생각해보자. 예를 들어 다음의 왼쪽 그림처럼, 정육면체의 변만 따라 잘라내는 전개도에서는 별, 오각형, 타원 표시의 변들이 서로 이어져 붙게 된다. 그런데 일부 면의 내부를 잘라서 붙이면, 다음의 오른쪽 그림처럼 로켓 모양의 입체도형 전개도를 만들 수 있다.

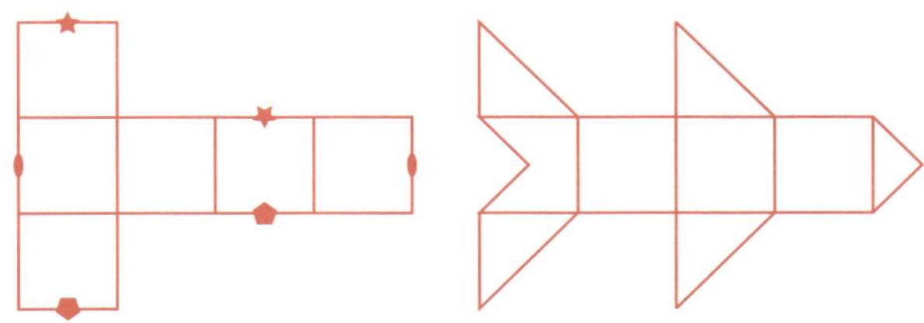

또한, 직사각형을 전개도로 간주해 그 네 변의 중점을 잡고 점선을 따라 접으면, 삼각뿔을 만들 수 있다(다음 위쪽 그림 참조). 또 다른 방법으로, 다음 아래쪽 그림의 점선 위치에서 접으면 다른 형태의 삼각뿔을 만들 수 있다. 이들은 모두 직사각형 한 장을 효율적으로 활용해 만든 다면체이다.

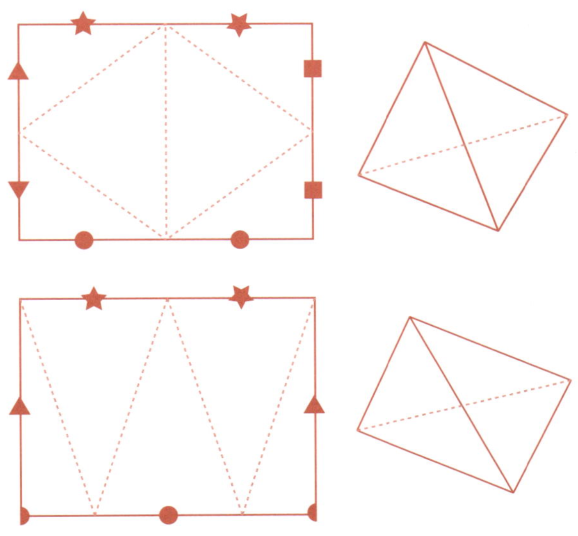

⚠ **'변만 잘라야 한다'는 제한을 풀면 다양한 전개도를 생각할 수 있다. 자신만의 방식으로 잘라보고, 어떤 전개도를 얻을 수 있는지 탐구해보자.**

'최대한 작은 직사각형 한 장으로 정육면체를 만들어보자'는 문제가 유명하다.

한 변의 길이가 10cm인 정육면체의 경우, 겉넓이는 $10 \times 10 \times 6 = 600\text{cm}^2$이므로 최소한 600cm^2의 면적이 필요하다. 예를 들어, 다음 왼쪽 그림과 같은 전개도에서는 $30 \times 40 = 1200\text{cm}^2$의 면적이 필요하다.

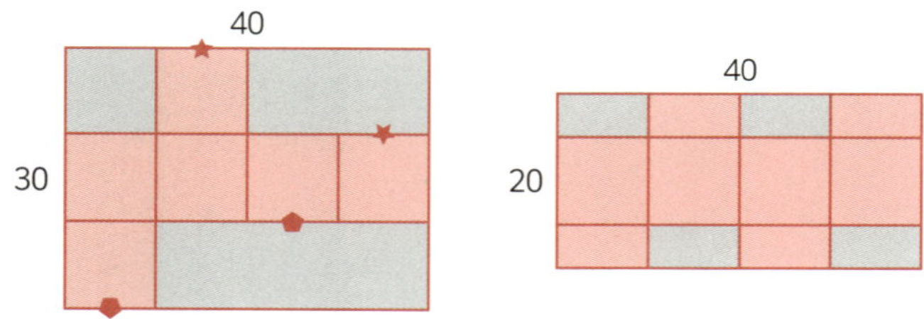

하지만 오른쪽 그림 같은 전개도의 경우에는 $20 \times 40 = 800\text{cm}^2$의 면적만 있으면 충분하다. 그리고 다음 그림처럼 비스듬하게 배치하면, $6\sqrt{10} \times 12\sqrt{10} = 720\text{cm}^2$로 끝난다.

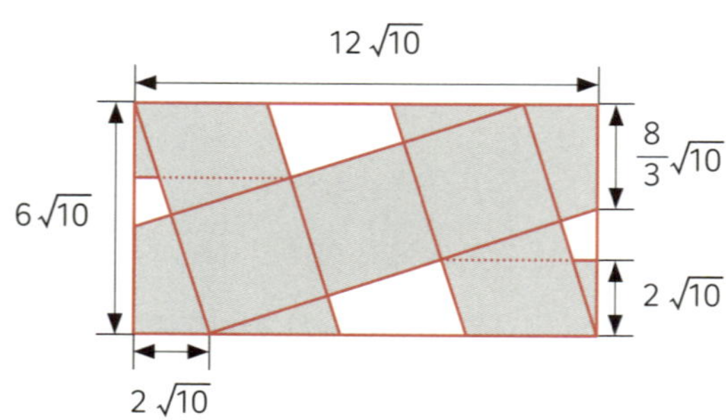

600cm²보다 조금이라도 면적이 크면(601cm²이든 600,0001cm²이든), 그 크기의 직사각형 한 장으로 정육면체를 만들 수 있다는 사실이 증명되어 있다(아키야마 진, 『지성으로 엮어내는 수학의 아름다움』, 2004 참조).

⚠ **비록 전개도의 모양은 복잡해지지만, 정육면체를 가장 효율적으로 펼칠 수 있는 전개도가 실제로 존재한다. 이처럼 다양한 전개 방식을 시도해보는 과정은 '도형'에 대한 감각을 더욱 예리하게 만들어준다.**

10.8 **'두 직육면체를 만들어내는 면'을 잘라내는 전개도**

다음 도형은 접는 선의 위치를 바꾸면 서로 다른 직육면체가 만들어지는 전개도이다. 가장 짧은 변의 길이를 1이라고 하자.

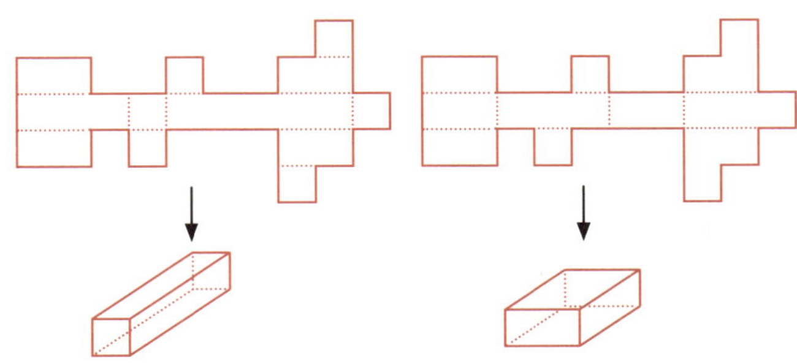

접는 선을 왼쪽 그림과 같이 정하면 5×1×1 크기의 직육면체가 만들어지고, 오른쪽 그림처럼 정하면 3×2×1 크기의 직육면체가 만들어진다. 두 경우 모두 겉넓이는 22로 같지만, 부피는 각각 5와 6이라 오른쪽이 더 크다.

흥미롭게도, 조립 방식을 바꾸면 서로 다른 두 개의 정다면체를 만들 수 있는 전개도가 존재하는지는 아직 밝혀지지 않았다(에릭 드메인·조셉 오루크, 『Geometric Folding Algorithms(기하학적 종이접기 알고리즘)』, 2007 참조).

(!) 접는 선을 지정하지 않는다면, 하나의 평면도형에서 여러 개의 입체도형이 나타나는 전개도가 존재한다. 여기에서 소개한 예시들 외에도 새로운 전개도를 발견할 수 있을지, 직접 탐색해보자.

10.9 우리 주변의 다면체

테마리 기하학

테마리(색실공)는 예로부터 일본에서 발로 차는 '게마리'와 함께 손으로 찌르며 노는 장난감으로서 사랑받아왔다. 오늘날에는 여기에 기하학적인 무늬를 수놓는 등, 주로 장식품으로 널리 쓰이고 있다.

테마리의 속을 채우는 재료는 지역마다 다른데, 쌀이 많이 나는 지방에서는 벼 껍질을, 구마모토현에서는 골풀 등을 사용해왔다. 최근에는 간편하게 만들기 위해 공 모양 발포 스티롤을 이용하고, 거기에 실을 감아 제작하는 경우도 있다.

테마리는 얼핏 단순한 '공'처럼 보이지만, 그 위에 새겨진 곡선 무늬를 '곧은 변'이라고 생각하고 보면 그 속에 정다면체가 숨어 있는 경우가 많다.

테마리에 아름다운 무늬를 그리기 위해서는 먼저 '지와리'라 불리는, 일종의 좌표 역할을 하는 실을 감는다. 이 지와리의 기본형으로는 세 가지가 있으며, 다음 사진 왼쪽부터 각각 '단순 n등분'(사진은 단순 16등분), '8등분 조합', '10등분 조합'이라 불린다.

예를 들어, 다음 사진처럼 공 모양 발포 스티롤이 보이지 않을 때까지 실을 여러 겹 감은 다음 지와리를 하는 것이다.

앞 페이지의 왼쪽 사진에 보이는 테마리는, '단순 *n*등분' 중 하나인 단순 16
등분 지와리를 친 것이다.

공을 반으로 나누는 적도는 북극과 남극을 잇는 8개의 원형 띠에 의해
총 16등분이 된다. 이러한 형태의 지와리를 단순 16등분이라 부른다.

이때 실이 교차하는 지점을 꼭짓점으로 보면, 단순 16등분된 테마리의
꼭짓점은 북극과 남극에 각각 하나씩, 그리고 적도 위에 있는 16개를 합쳐
총 18개가 된다. 변은 북극과 남극에서 각각 뻗은 것들이 16개, 적도 위에
있는 것 16개를 합쳐 48개이다. 면은 북반구와 남반구에 각각 16개씩, 총
32개이다.

$18 - 48 + 32 = 2$를 보면, 공 위에 실을 감아 꼭짓점, 변, 면으로 인식한 물
체라 할지라도 오일러의 다면체 공식이 성립된다는 사실을 알 수 있다.

어떻게 만들까

이제 만드는 법을 소개하겠다.

먼저 북극과 남극에 시침핀 1, 2를 각각 꽂고, 북극과 남극의 길이를 종
이에 그대로 옮긴다.

그 종이의 중점에 표시하고 북극과 남극을 연결해 중점에 시침핀 3을 꽂
는다. 한 군데 더 같은 방식으로 북극과 남극을 연결하고, 중점에 시침핀 4
를 꽂는다. 시침핀 3과 4를 지나 공을 한 바퀴 돌듯 실(적도)을 감는다.

이때, 적도 위의 다른 점들도 모두 북극과 남극의 중점을 지나는지 확인
한 뒤, 시침핀 3과 4를 제거한다. 단순 16등분 지와리를 만들 때는 적도를
16등분하고 시침핀을 꽂는다. 그런 다음, 그 적도 위의 핀들과 북극, 남극을
지나도록 실을 감는다.

다음 그림은 구의 형태가 잘 전해지도록 그린 것이다. 실제로는 북극과 남극이 각각 위쪽과 아래쪽에 있을 때, 적도는 직선처럼 보인다. 그림에 '뒤'라고 표시된 것은 '앞면'의 북극과 남극을 고정한 상태에서 구를 180° 회전시켰을 때 보이는 반대쪽 면을 뜻한다.

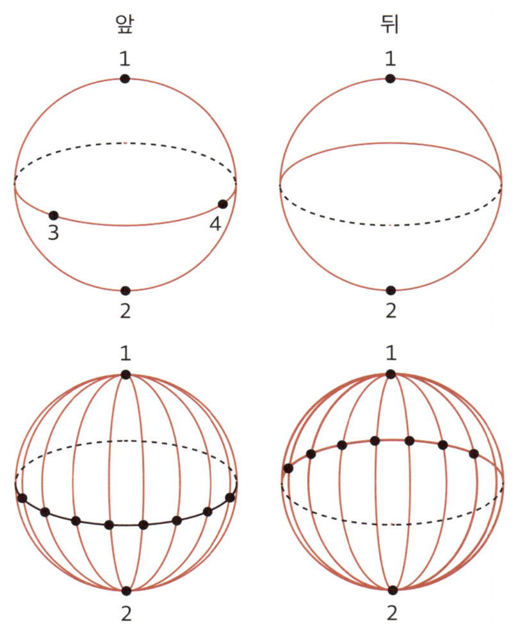

8등분 조합

이번에는 단순 16등분과 같은 방법으로, 단순 8등분을 만들어보자.

북극과 남극을 잇는 8개의 띠 가운데 4개에는 북극과 적도, 남극과 적도를 2등분하는 점에 시침핀(A, B, C, D, E, F, G, H)을 꽂는다. 그리고 다음 그림과 같이 A, Y, G의 세 점, C, Y, E의 세 점, D, Z, F의 세 점, B, Z, H의 세

점을 각각 지나는 띠 4개를 감는다. 세 점이 정해지면, 공의 면 위에 큰 원 (원의 중심이 구의 중심과 겹치며 구면 위에서 가장 큰 원)이 하나 정해진다.

또한 이 띠들이 교차하는 지점 역시 꼭짓점으로 볼 수 있으며, 띠가 지나는 개수를 표시한 것이 오른쪽 아래의 그림이다.

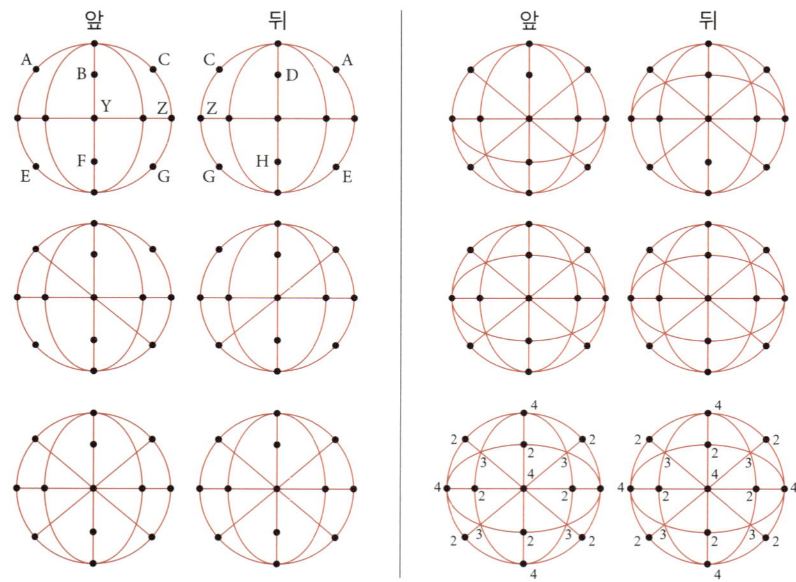

세 개의 띠가 지나는 8개의 점을 연결해보면, 그 점들이 정육면체를 이룬다는 사실을 확인할 수 있다. 또한 네 개의 띠가 지나는 6개의 점을 연결하면, 이번에는 정팔면체가 완성된다.

아래의 형태는 정팔면체의 각 면이 6등분된 구조로 이해할 수 있다. 꼭짓점의 개수를 세어보면, 정팔면체 6개, 변 12개의 중점에 1개씩, 그리고 8개의 면에 1개씩으로 총 6 + 12 + 8 = 26개이다.

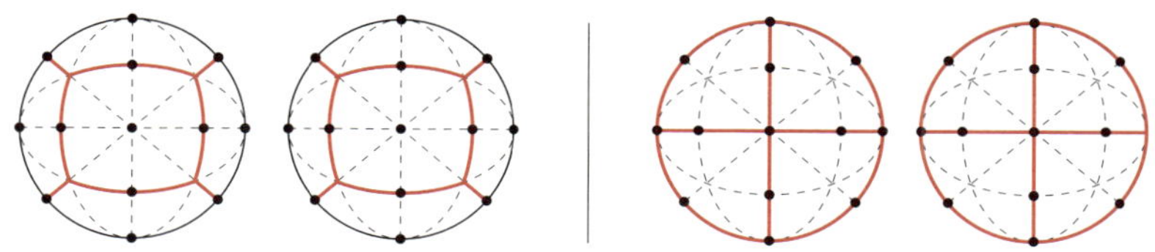

변의 수는 정팔면체의 12개의 변이 2등분되어 24개, 삼각형의 중점에서 6개의 변이 뻗어 나오므로 6 × 8 = 48개, 총 24 + 48 = 72개이다. 면의 수는 정팔면체의 8개 면이 각각 6개씩 있으므로 총 48개다.

26 − 72 + 48 = 2가 되어, 여기서도 오일러의 다면체 공식이 성립한다.

10등분 조합

이어서 10등분 조합을 살펴보자.

먼저 단순 10등분을 만든 뒤, 그중 적도에 감은 실을 없앤다. 그다음, 북극과 남극에서 원둘레 × $\left(\dfrac{1}{6} + \dfrac{1}{100}\right)$ 만큼 떨어진 거리에 시침핀 A, B, C, D, E, F, G, H를 서로 엇갈리게 꽂는다.

이제 다음 그림과 같이 A, C, H, J를 지나는 띠, A, F, H, D를 지나는 띠, B, G, I, E를 지나는 띠, C, F, J, D를 지나는 띠, A, B, H, J를 지나는 띠, A, G, H, E를 지나는 띠, B, F, I, D를 지나는 띠, C, G, J, E를 지나는 띠, B, C, I, J를 지나는 띠, F, G, D, E를 지나는 띠를 순서대로 감는다.

실이 교차하는 점들도 꼭짓점이라고 생각하면, 215쪽 그림과 같이 정십이면체와 정이십면체가 숨어 있음을 알 수 있다.

앞
뒤
a a a a a a
A B C D E A
F G H H I J
a a a a a a

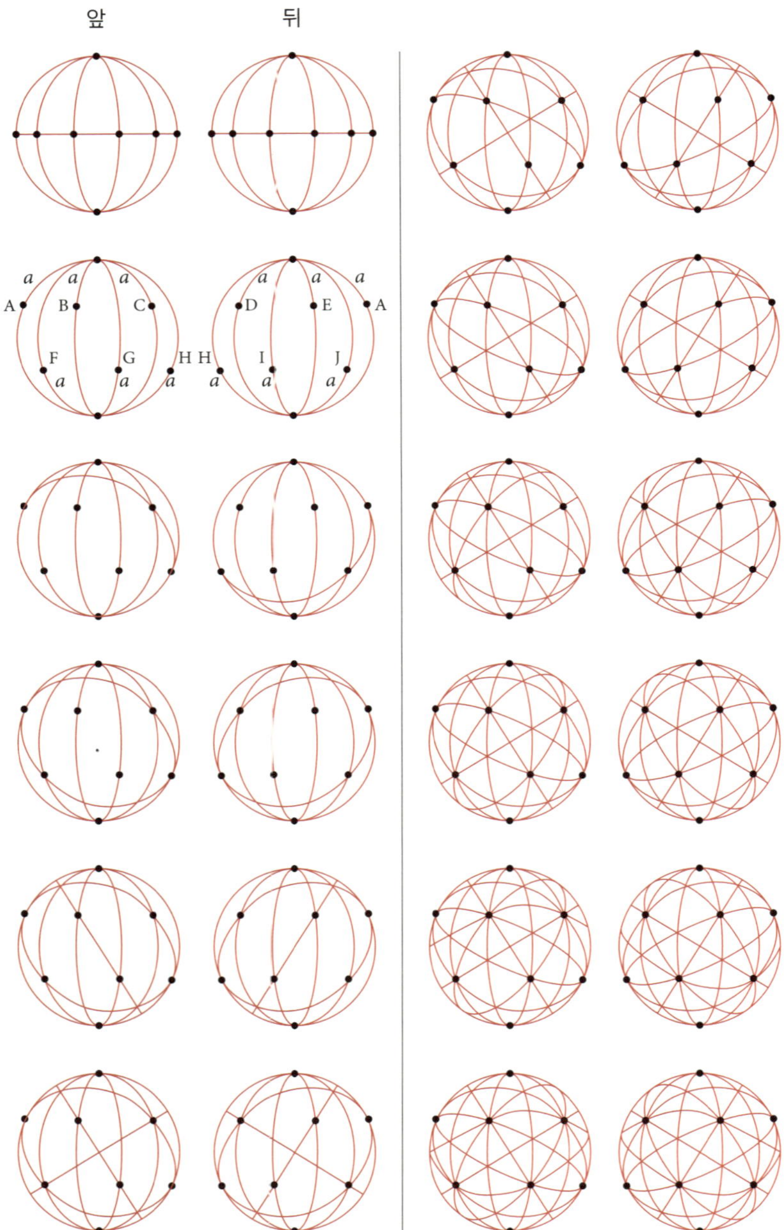

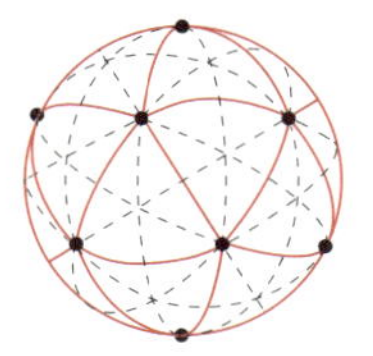 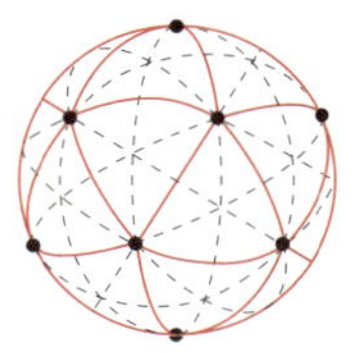 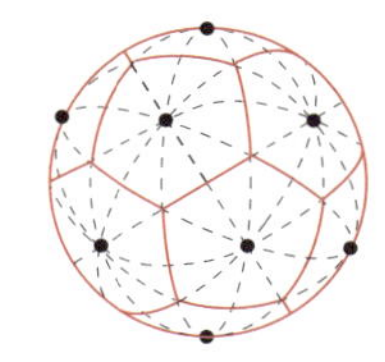 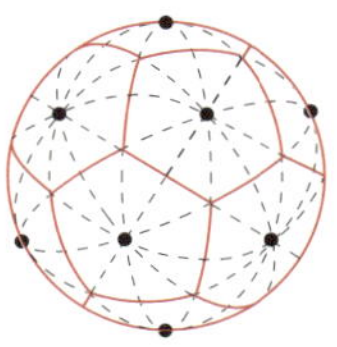

이것은 정십이면체의 정오각형의 면이 각각 10등분된 것으로 생각할 수 있다. 꼭짓점은 정십이면체의 꼭짓점 20개, 각 변의 중점에 1개씩 총 30개, 그리고 각 면의 중심에 1개씩 총 12개로 모두 합쳐 20＋30＋12＝62개이다.

변의 수는 정십이면체의 변 30개가 중점에서 2등분되어 60개, 각 오각형 면의 중점에서 10개 뻗어 나오므로 10×12＝120개, 이 둘을 합치면 60＋120＝180개가 된다. 면의 수는 정십이면체의 정오각형 12개가 10등분되었으므로, 10×12＝120개이다.

62－180＋120＝2이므로, 이 결과에서도 역시 오일러의 다면체 공식이 성립한다. 이 공식의 위력이 얼마나 대단한지 감탄하게 된다.

이러한 지와리를 기본으로 삼고, 한 단계 발전해 더 세밀하게 나누어 무늬를 그린 테마리도 있다. 지와리의 다양성이나 실의 경로를 어떻게 하느냐에 따라 다채로운 기하학적 무늬가 탄생한다.

다음 사진에 보이는 테마리의 무늬는, 10등분 조합을 적용했다고 볼 수 있는 정십이면체와 정이십면체를 활용한 것이다.

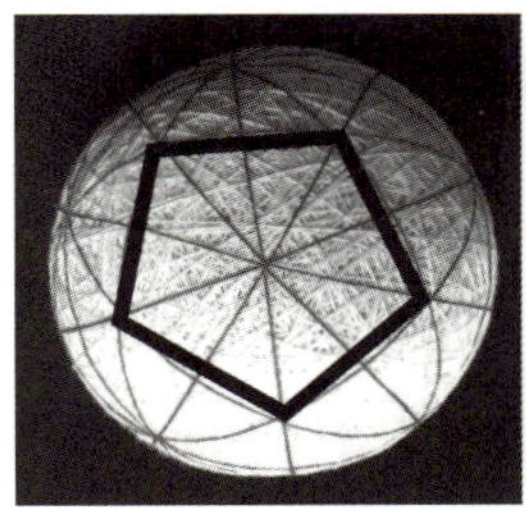 

정십이면체의 정오각형 대응 관계는 굵은 선으로 표시했듯이 확인할 수 있다.

⚠️ **그 아름다움 속에는 대칭성과 정다면체가 숨어 있다.**

일상에서 볼 수 있는 다면체

우리의 일상에서 다면체를 찾아보는 것도 매우 흥미롭다. 그 다면체가 사용된 이유는 무엇인지, 또 어떤 장점이 있는지를 떠올려보는 것도 '도형 감각'을 키우는 훌륭한 훈련이 된다.

예를 들어, 과자가 든 상자나 포장에는 종종 다양한 다면체가 쓰인다. 그 중에서도 사면체 모양 상자는 튼튼하고 쉽게 찌그러지지 않아, 안에 든 과자가 부서지거나 깨지지 않도록 막아준다.

요즘은 거의 보기 어렵지만, 예전에는 우유 같은 마실 것도 '테트라팩'이라 불리는 사면체 용기에 담아 팔곤 했다. 이 용기는 튼튼할 뿐 아니라, 운반할 때 공간 활용에 장점이 있어 많이 사용된 것으로 보인다.

육각기둥은 손으로 들기 쉽다는 특징이 있다.

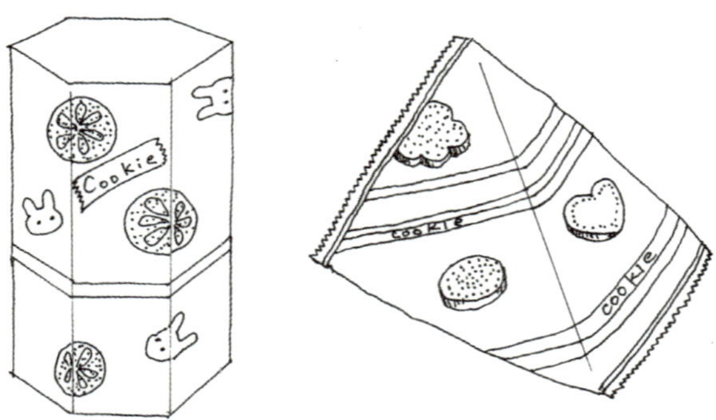

공원에 가보면 다면체 몇 개를 합쳐서 만든 놀이기구를 종종 볼 수 있
다. 집 근처 공원에는 정십이면체 4개를 합쳐서 만든 놀이기구가 놓여 있다.

또 기후역 근처의 한 공원에는 입방팔면체 3개를 결합해 만든 놀이기구
가 놓여 있다.

또한 필자가 근무하는 기후대학교에는, 의과대학 부속병원 인근에 비상용 식수를 저장하는 축구공(깎은 정이십면체) 모양의 물탱크 두 대가 설치되어 있다.

⚠ **여러분 주변에도 분명 수많은 다면체가 숨어 있을 것이다. 혹시 발견하게 되면, 전개도를 상상하며 이 장에서 탐구한 내용을 확인해봐도 좋을 것이다.**

제 11 장

'평면 채우기 문제'로
수학 센스 연마하기

인도나 상가 거리를 걷다 보면, 바닥이나 벽면에 여러 가지 모양의 타일이 빼곡히 채워진 모습을 자주 볼 수 있다.

아래에 직접 돌아다니면서 찾아본 몇 가지 예를 소개하겠다. 혹시 어떤 모양의 타일을 어떤 방식으로 배열하면 빈틈없이 평면을 채울 수 있을지 생각해본 적이 있는가?

초등학교에서는 정사각형이나 정삼각형으로 평면을 채우는 방법을 배운다. 그리고 중학교 2학년이 되면, 빈틈없이 평면을 채우기 위해 중요한 요소가 되는 다각형의 내각과 외각에 대해 배운다.

사실 다각형으로 평면을 채우는 문제는 기하학에서 매우 중요한 테마이며, '평면 채우기 문제'를 탐구하면 도형의 여러 성질을 깊이 이해할 수 있다.

이 책의 마지막인 제11장에서는 '다각형의 평면 채우기'의 무궁무진한 세계 속으로 깊게 파고들려고 한다.

이 장의 핵심 포인트는 다음 4가지다.

- ⊘ **도형이 어떤 모양일 때 평면을 빈틈없이 채울 수 있을까? 삼각형, 사각형 등 모양을 바꿔가며 직접 시험해보자.**
- ⊘ **'오목한 부분이 있는 도형'을 사용하면, 평면 채우기 문제는 어떻게 달라질까?**
- ⊘ **오각형은 평면을 채울 수 없다. 그렇다면 다른 오각형들은 어떨까?**
- ⊘ **'채우기'에 담긴 수학의 깊이를 느껴보자.**

11.1　삼각형으로 채우기

어떤 삼각형이든, 그 삼각형 하나만으로 평면을 빈틈없이 채울 수 있다.

삼각형 ABC에서 먼저 삼각형을 평행이동시켜 꼭짓점 A를 꼭짓점 C와 겹치게 한다. 그다음, 변 AB의 중점을 중심으로 $180°$ 회전시켜 꼭짓점 B를 꼭짓점 C와 겹치게 하면, 두 삼각형이 평행사변형을 이룬다. 이 평행사변형을 가로와 세로로 쭉 배열하면 평면 전체를 빈틈없이 채울 수 있다.

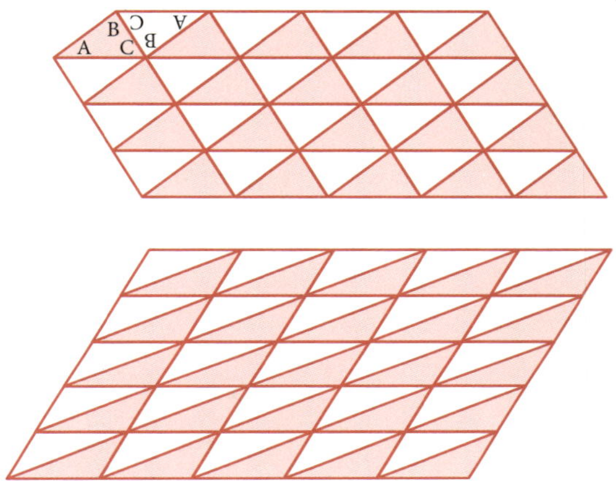

특수한 삼각형으로 꼭짓각이 120°인 이등변삼각형을 생각해보자. 이 삼각형은 다음 그림처럼 꼭짓점을 한 점에 모아 배치하는 방식으로 평면을 채울 수 있다. 이때, 꼭짓점이 모이는 개수는 위치에 따라 다르다. 이처럼 삼각형의 형태에 따라 평면을 채우는 방법에도 여러 가지 변화가 생긴다.

(!) **어떤 삼각형이든 같은 규칙으로 평면을 채울 수 있다. 하지만 특수한 삼각형의 경우는 다른 규칙으로 채우기도 한다.**

사각형은 어떨까?

정사각형이나 직사각형, 마름모, 평행사변형은 평면을 빈틈없이 아주 간단하게 채울 수 있다는 사실은 알 수 있을 것이다.

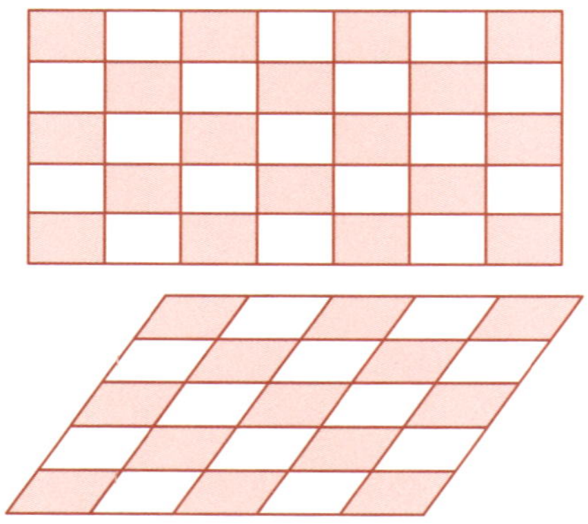

삼각형과 마찬가지로, 사각형을 180° 회전시켜 꼭짓점이 서로 맞닿도록 배열하면, 한 꼭짓점 주위에 4개의 사각형이 모이게 된다. 사각형 4개의 꼭짓점이 한 점에 모인다는 것은, 사각형의 내각의 합이 360°이므로 빈틈이 생기지 않는다는 뜻이다.

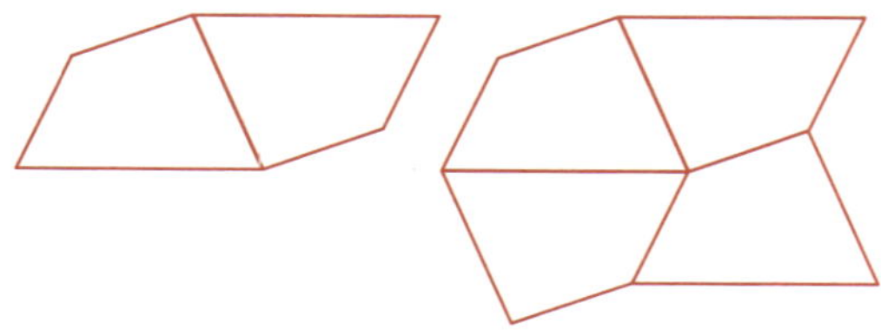

같은 과정을 모든 꼭짓점에서 반복하면, 평면 전체를 빈틈없이 채울 수 있다.

다음 그림에서 볼 수 있듯이, 흰색 사각형은 흰색 사각형과, 회색 사각형은 회색 사각형과 서로 평행이동으로 겹친다. 또한 회색 사각형을 180° 회전시키면 흰색 사각형과 정확히 포개어진다.

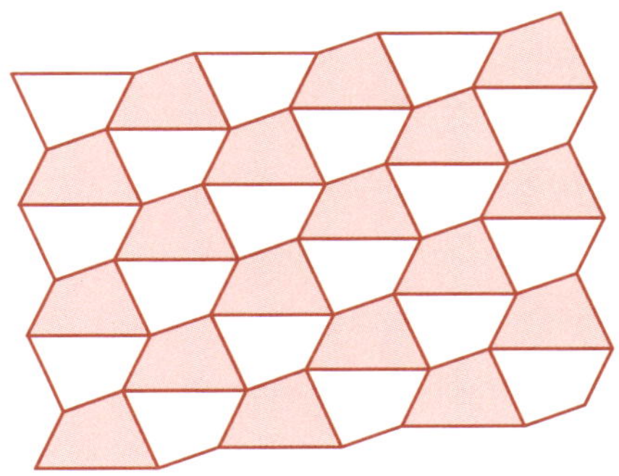

특수한 사각형의 예로, 60°와 120°의 각을 가진 이등변사다리꼴을 생각해보자. 이 이등변사다리꼴 두 개를 이어 붙이면 정육각형을 만들 수 있고, 그 정육각형을 회전시키면서 채워나가면 다음 그림과 같다.

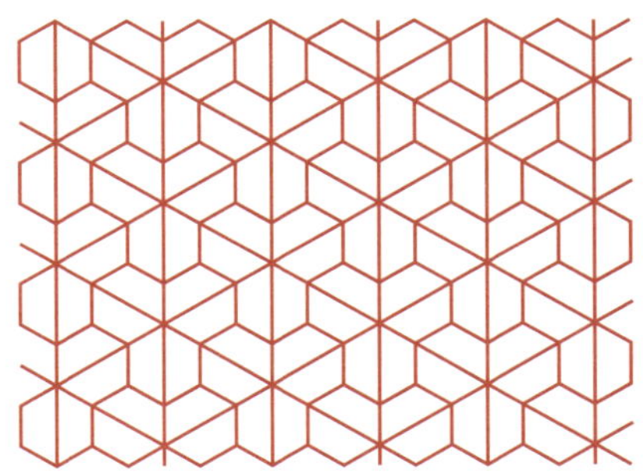

이번에는 '푹 들어간 사각형'에 대해 생각해보자.

푹 들어간 사각형은 '오목사각형'이라고도 불리며, 내각 중 하나가 $180°$ 보다 큰 사각형을 말한다. 이런 도형을 과연 사각형으로 볼 수 있는지는 논의의 여지가 있지만, 4개의 변과 4개의 꼭짓점을 가지고 있으므로 여기에서는 사각형으로 간주하자.

또한 이러한 도형은 두 개의 삼각형으로 나눌 수 있기 때문에, 내각의 합은 일반 사각형과 마찬가지로 $360°$이다. 외각의 합도 음수를 포함해서 생각하면 $360°$로 일정하다.

그리고 놀랍게도, 오목사각형 역시 평면을 빈틈없이 채울 수 있다.

앞서 본 경우와 마찬가지로, 흰색 사각형끼리, 그리고 회색 사각형끼리는 평행이동으로 서로 겹친다. 또한 회색 사각형을 $180°$ 회전시키면 흰색 사각형과 정확히 포개진다는 점도 똑같다.

⚠️ **모든 사각형은 같은 규칙으로 평면을 채울 수 있다. 하지만 특수한 사각형은 다른 규칙으로 채워지는 경우도 있다.**

 '정다각형 한 종류'로 채우기

정삼각형과 정사각형은 각각 한 가지 모양만 배열해서 평면을 빈틈없이 채울 수 있다. 즉, 꼭짓점과 변이 깔끔하게 겹쳐 전체를 채울 수 있는 것이다.

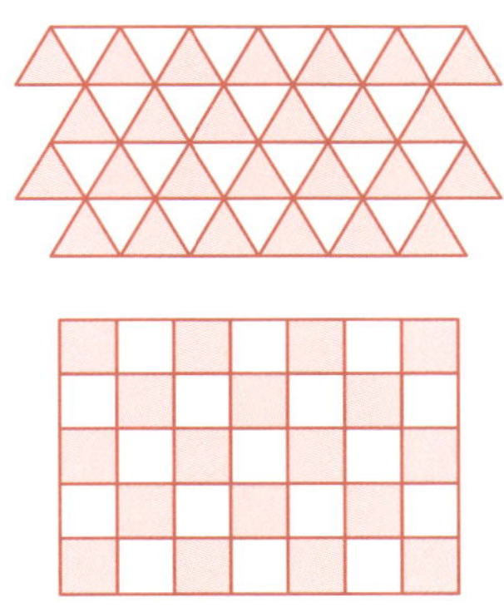

그렇다면 다른 정다각형들은 어떨까?

n각형의 내각의 합은 $180 \times (n-2)$이므로, 정다각형의 내각 하나의 크기는 $180 \times \dfrac{(n-2)}{n}$ 이다.

이제 n이 3, 4, 5, 6, 7, 8, 9, 10, 11, 12일 때 각 내각의 크기를 구해보자.

n	3	4	5	6	7	8	9	10	11	12
내각	60	90	108	120	$128.5\cdots$ $\dfrac{900}{7}$	135	140	144	$147.2\cdots$ $\dfrac{1620}{11}$	150

정삼각형의 내각은 $60°$이므로, $360 \div 60 = 6$에서 알 수 있듯이 6개의 정

삼각형이 모여 평면을 빈틈없이 채운다. 마찬가지로 정사각형의 내각은 90°이므로, 360 ÷ 90 = 4에서 알 수 있듯이 4개의 정사각형이 모여 평면을 빈틈없이 채운다.

이처럼 정다각형 한 종류를 꼭짓점끼리 포개서 빈틈없이 채우려면, 내각의 크기는 반드시 360°의 약수여야 한다.

따라서 정육각형은 빈틈없이 평면을 채울 수 있을 것으로 추측되며, 실제로 그렇다. 이 형태는 벌집에서 볼 수 있는 구조인데, 그 안정성 덕분에 '허니콤 구조' 등으로도 활용되고 있다. 사진은 필자가 집에서 촬영한 벌집의 모습이다.

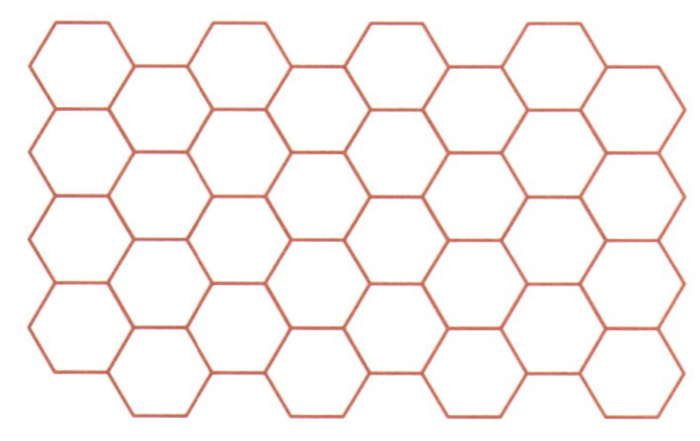

⚠️ 한 꼭짓점에 모이는 면의 개수를 살펴보면, 정삼각형일 때는 6개, 정사각형일 때는 4개, 정육각형일 때는 3개이다. 면이 2개만 모이는 경우는 내각의 크기가 180°밖에 되지 않으며 그런 정다각형은 존재하지 않는다.

11.4　여러 종류의 정다각형으로 채우기

정다면체의 면은 정다각형 한 종류만으로 구성된다.

제9장에서 살펴본 것처럼, 여러 종류의 정다각형을 조합하면 '아르키메데스의 입체도형'이라 불리는 다양한 다면체가 나타난다. 그와 비슷하게, 서로 다른 여러 종류의 정다각형을 사용해 평면을 빈틈없이 채우는 방법을 생각해보자.

이때 조건이 있다. 모든 정다각형의 변의 길이는 같아야 하고, 꼭짓점은 꼭짓점끼리 정확히 포개져야 하며, 각 꼭짓점에 정다각형이 똑같이 모여야 한다.

먼저, 정삼각형을 사용하는 경우부터 살펴보자.

정삼각형의 개수	5	4	3	2	1
정삼각형의 내각의 합	300	240	180	120	60
남는 각의 크기	60	120	180	240	300

정삼각형이 4개일 때, 남는 각의 크기는 120°이므로 정육각형과 조합할 수 있다는 사실을 알 수 있다([3, 3, 3, 3, 6]).

정삼각형이 3개일 때는, 변의 개수가 적은 정사각형부터 차례로 생각해보자.

이때는 정사각형 두 개와 조합할 수 있는데, 정삼각형, 정삼각형, 정사각형, 정삼각형, 정사각형 순서([3, 3, 4, 3, 4])와 정삼각형, 정삼각형, 정삼각형, 정사각형, 정사각형 순서([3, 3, 3, 4, 4])로 두 가지를 만들 수 있다.

180°는 정다각형 하나로 채울 수 없으므로, 반드시 두 개 이상의 정다각형이 필요하다. 또한 180÷2=90이므로, 변의 개수가 4개 이하인 정다각형이 그 후보가 된다. 이로써 정삼각형이 세 개인 경우를 생각해봤다.

정삼각형이 2개와 1개일 때

정삼각형이 두 개일 때는 어떻게 될까?

이번에도 변의 수가 적은 정사각형부터 차례로 생각해보자. 정사각형 두 개를 사용하면, 남는 각은 60°뿐이다. 정사각형 한 개를 사용하는 경우 남는 각은 150°로, 이는 정십이각형의 내각에 해당한다. 하지만 이래서는 규칙적인 평면 채우기가 불가능하다.

다음으로 정육각형을 두 개 사용하면 남는 각이 없기 때문에 그대로 평면을 채울 수 있다([3, 6, 3, 6]). 단, 뒤에서 설명하겠지만 꼭짓점 주변의 배열이 정삼각형 - 정삼각형 - 정육각형 - 정육각형 순서일 때는 빈틈없이 채울 수 없다. 남는 각은 240°이고, 변이 7개 이상인 정다각형을 조합하면, 변이 6개 미만인 도형을 넣어야 한다. 이로써 정삼각형이 두 개인 경우를 생각해봤다.

정삼각형이 한 개일 때도 앞에 나온 방법으로 변이 적은 정사각형부터 차례로 생각해보자. 정사각형 두 개를 함께 사용하면, 남는 각은 120°이므로 정육각형을 더해 채우면 된다([3, 4, 6, 4]). 또한 정십이각형 두 개를 조합하는 경우도 가능하다([3, 12, 12]). 이들을 포함해 여러 조합으로 이루어진 정다각형의 평면 채우기를 다음 그림에서 확인할 수 있다.

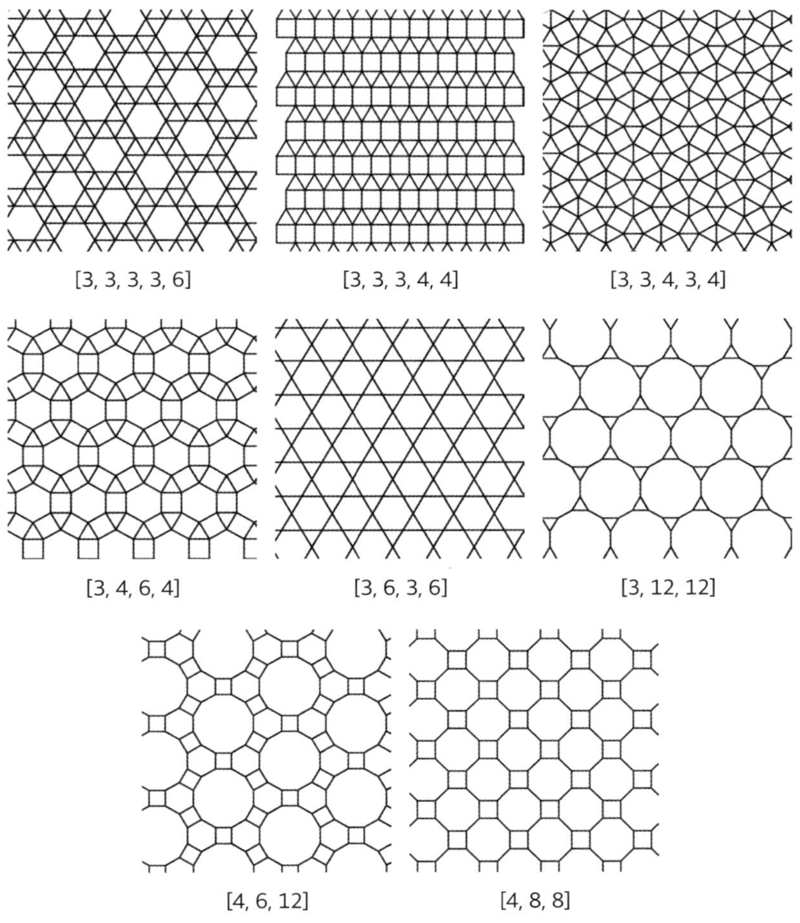

[3, 3, 3, 3, 6]　　　[3, 3, 3, 4, 4]　　　[3, 3, 4, 3, 4]

[3, 4, 6, 4]　　　[3, 6, 3, 6]　　　[3, 12, 12]

[4, 6, 12]　　　[4, 8, 8]

[3, 3, 6, 6] 조합은 각도의 합으로 봤을 때 조건을 만족하지만, 실제로는 평면을 꽉 채우지 못한다.

왜 그럴까? 한 꼭짓점에 정삼각형, 정삼각형, 정육각형, 정육각형을 모아 배치한 뒤, 그중 정삼각형의 한 꼭짓점에 다시 정삼각형, 정삼각형, 정육각형, 정육각형을 모으면, 결국 한 점에 정삼각형이 3개 겹치게 되기 때문이다.

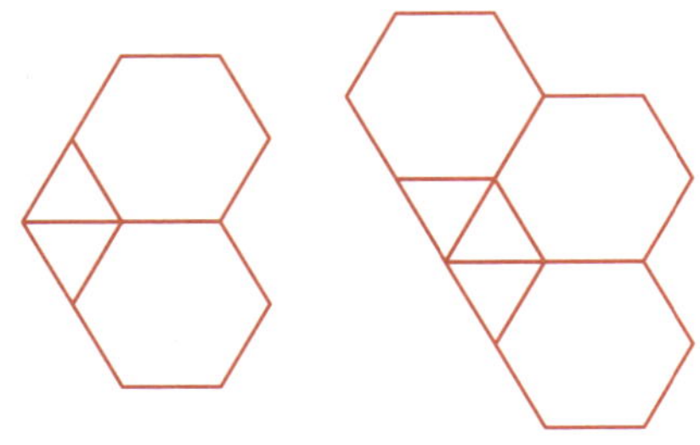

이처럼 각도의 조건을 만족하더라도 평면을 빈틈없이 채우지 못하는 경우가 있다.

정사각형을 사용하면……?

이어서 정삼각형을 쓰지 않고 정사각형을 쓰는 경우를 생각해보자.

정사각형의 개수	4	3	2	1
정사각형의 내각의 합	360	270	180	90
남는 각의 크기	0	90	180	270

정사각형이 두 개 또는 세 개일 때는 정삼각형이 필요하므로, 이번에는 정사각형이 한 개일 때 남는 270°를 기준으로 생각해보자.

정오각형(내각 108°)을 빼면 남는 각은 162°이기 때문에 그에 맞는 정다각형은 존재하지 않는다. 정육각형(120°)을 빼면 남는 각은 150°이기 때문에 정십이각형(내각 150°)과 조합하면 평면을 채울 수 있다([4, 6, 12]).

정칠각형(내각 $128\frac{4}{7}°$)을 빼면 남는 각은 $141\frac{3}{7}°$로 이 각에 해당하는 정다각형은 존재하지 않는다. 정팔각형(135°)을 빼면 남는 각은 135°이기 때문에 정팔각형과 조합하면 평면을 채울 수 있다([4, 8, 8]).

135°보다 큰 내각을 가진 정다각형을 이용하면, 남는 각이 135°보다 작아지므로 정사각형을 이용하는 평면 채우기가 더 이상 존재하지 않는다.

또한 정오각형을 이용한 평면 채우기도 불가능하다는 사실을 알 수 있다.

정육각형(내각 120°) 하나를 사용하면, 남는 각은 240°이다. 이를 두 개의 정다각형으로 채우려면, 변의 개수가 6개 이하인 정다각형이 필요하다. 따라서 여러 종류의 정다각형을 조합한 평면 채우기는 이 외에는 존재하지 않는다.

(!) 정다각형을 조합한 평면 채우기는 매우 다양하며, 길거리에서도 흔히 볼 수 있을 만큼 우리 주변에 가득하다. 어떤 도형들이 어떤 조합으로 배열되어 있는지, 직접 찾아보자.

11.5　오목다각형으로 채우기

11.2절에서 살펴본 오목사각형과 같은 오목다각형의 평면 채우기에 대해 생각해보자.

사실, 평면을 빈틈없이 채울 수 있는 오목팔각형이나 오목이십각형도 존재한다. 이들은 정육각형의 평면 채우기를 이용해, 점대칭인 두 개의 도형으로 나누면 된다.

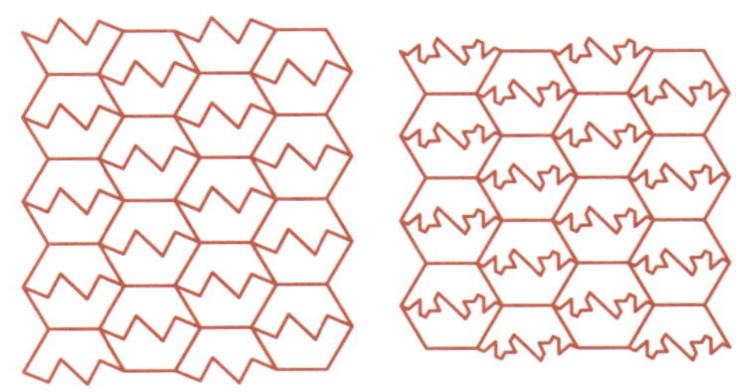

11.6 오각형으로 채우기

정오각형은 평면을 빈틈없이 채울 수 없다. 그러나 정오각형이 아닌 오각형들 중에는 평면을 채울 수 있는 도형도 있다.

이렇게 평면을 채울 수 있는 오각형을 처음으로 연구한 사람은 독일의 수학자 카를 라인하르트(1895~1941)였다. 라인하르트는 1918년에 평면을 채울 수 있는 5가지 오각형을 발견했다(나중에 설명할 타입1~5).

예를 들어, 정육각형을 반으로 자른 오각형이 있다. 이 오각형은 서로 인접한 두 각이 직각인 부분이 있다.

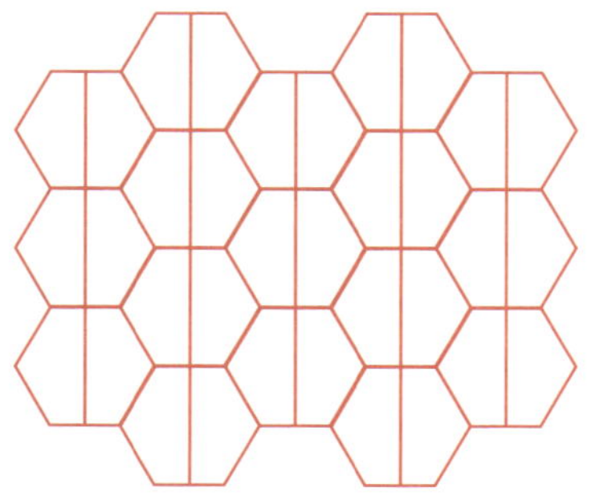

동네를 걷다가 다음 그림처럼 평면이 채워져 있는 모습을 발견했다.

 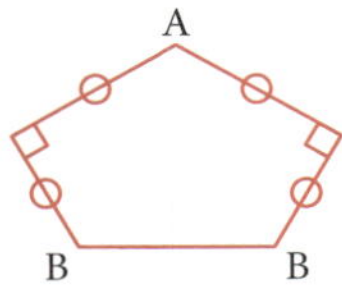

이 오각형은 다섯 변 가운데 네 변의 길이가 같다.

또, 네 개의 각이 한 점에 모이는 부분이 있기 때문에 그중 두 각이 90°임을 알 수 있다.

다른 각도를 각각 A, B라고 하면, 오각형의 내각의 합으로 봤을 때 $A+2B+180=540$이다. 또한, 꼭짓점 하나에 모인 각들의 합으로 보면 $A+2B=360$을 이끌어낼 수 있다. 둘 다 같은 식이므로, A의 값을 자유롭게 정해도 좋다고 볼 수 있다.

예를 들어, $A=150°$이면 $B=105°$가 되어 평면 채우기가 가능하다(다음 그림 위). 또한 $A=120°$이면 $B=120°$가 되어 이 경우도 평면을 채울 수 있다(다음 그림 아래).

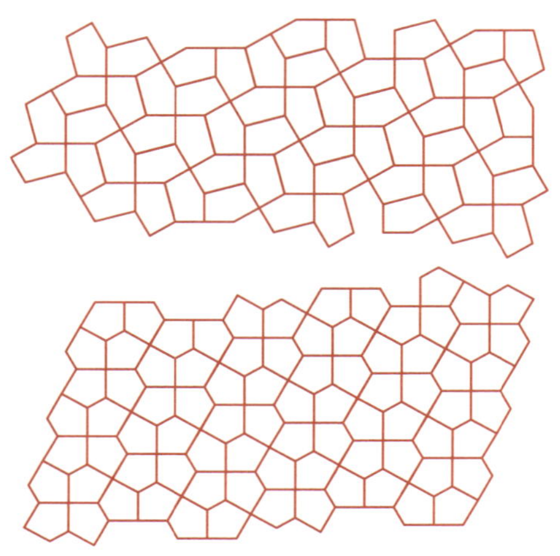

15가지 채우기 방법

이와 같이 각도를 살짝만 바꾼 오각형을 같은 형태로 간주하면, 평면을 채울 수 있는 오각형은 235~236쪽의 그림에서 볼 수 있듯이 총 15종류인 것으로 알려져 있다. 오각형은 다음 그림과 같이 꼭짓점에 A, B, C, D, E를 반시계 방향으로 매겼으며, 각 변에도 a, b, c, d, e를 매겼다.

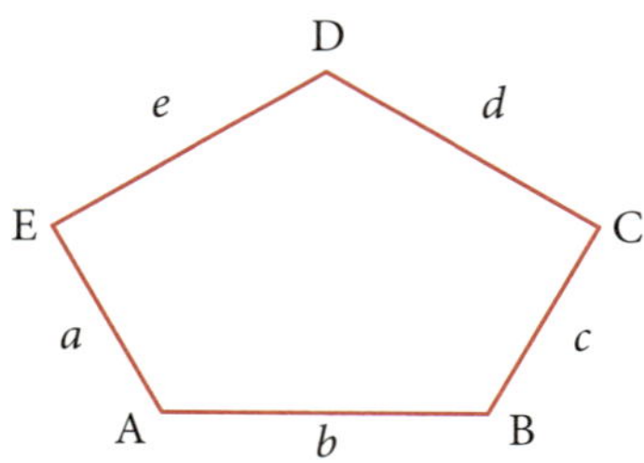

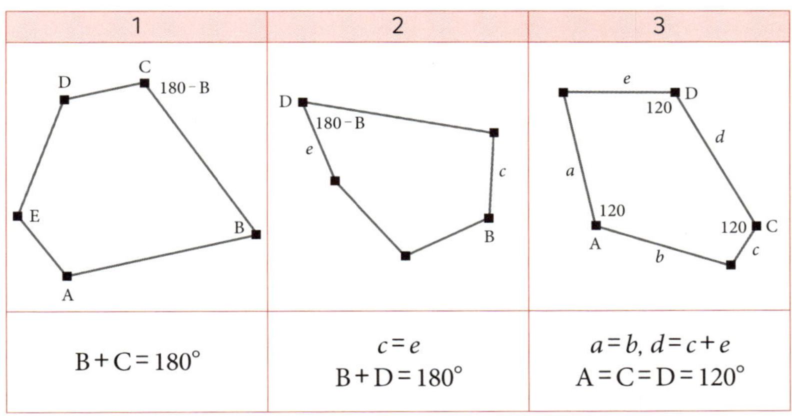

1
D C 180−B
E
B
A
B + C = 180°

2
D 180−B
e
c
B
c = e
B + D = 180°

3
e D
120
a d
120
A b 120 c C
a = b, d = c + e
A = C = D = 120°

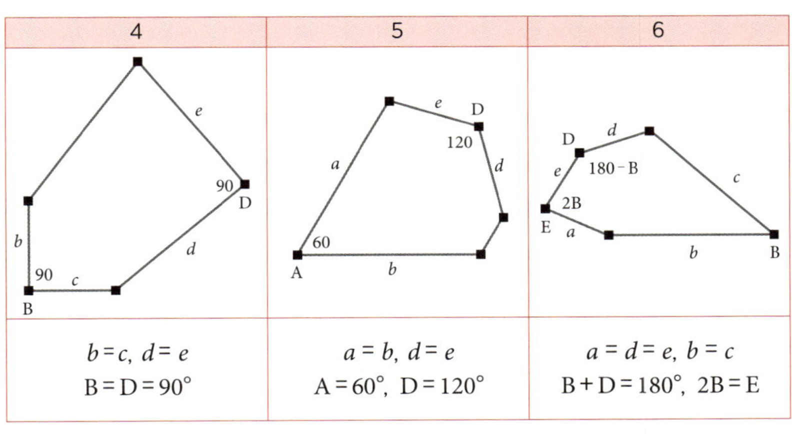

4
e
90 D
b
d
90 c
B
b = c, d = e
B = D = 90°

5
e D
120
a d
60 b
A
a = b, d = e
A = 60°, D = 120°

6
D d
e 180−B c
2B
E a b B
a = d = e, b = c
B + D = 180°, 2B = E

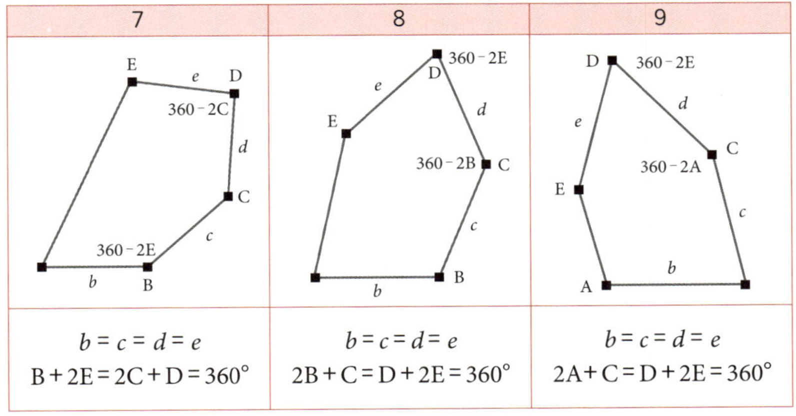

7
E e D
360−2C
d
C
360−2E c
b B
b = c = d = e
B + 2E = 2C + D = 360°

8
360−2E
D
e d
E
360−2B C
c
b B
b = c = d = e
2B + C = D + 2E = 360°

9
D 360−2E
e d
C
360−2A
E c
A b
b = c = d = e
2A + C = D + 2E = 360°

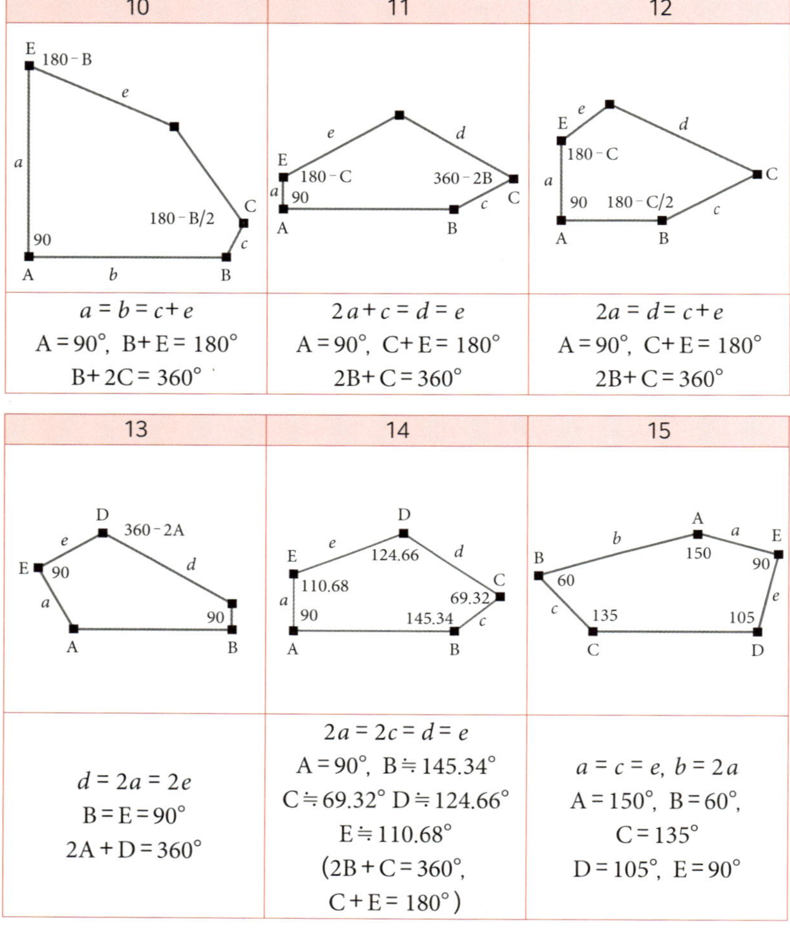

이 중 유형 4가 233쪽 그림에 나온 평면 채우기 방식이다. 이 오각형의 평면 채우기를 할 때는 한 변과 한 변이 완전히 겹치지 않아도 된다는 점이 특징이다.

유형 1~5는 1918년에 라인하르트가 발견한 것이다. 그 후 1968년에는 리처드 커슈너가 유형 6, 7, 8의 오각형을 발견했고, 1975년에는 프로그래

머 리처드 제임스가 유형 10의 오각형을 발견했다.

1977년, 수학 잡지 기사를 통해 타일 붙이기를 알게 된 주부 마조리 라이스는 유형 9, 11, 12, 13의 오각형을 발견했다. 그 후 1985년에는 롤프 슈타인이 유형 14를, 2015년에는 케이시 만, 제니퍼 맥라우드 만과 데이비드 폰 데라우가 유형 15의 오각형을 발견했다.

유형 1은 두 개의 오각형을 이어 붙이면 다음 그림처럼 서로 마주 보는 세 쌍의 변이 평행한 육각형이 만들어지며, 이를 이용해 다음 페이지의 상단 왼쪽 그림처럼 평면을 빈틈없이 채울 수 있다.

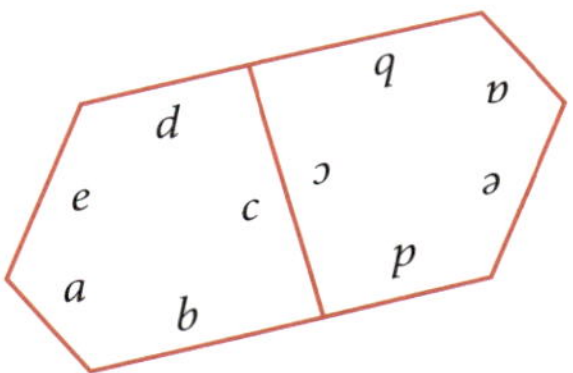

조건을 조금 더 강화해서, 다음 그림의 왼쪽처럼 $a = e$, $b = d$, $c = 2b$, 그리고 $B = C = E = 90°$로 두면, 다음 페이지의 상단 가운데 그림과 같이 평면을 채울 수 있다.

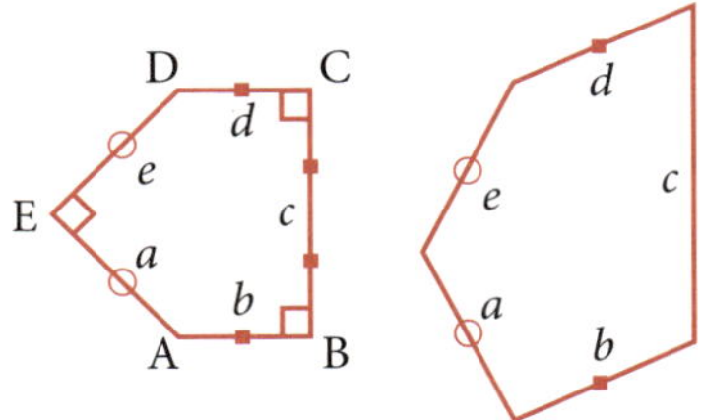

이 밖에도, 조건을 더 강화해서 위의 그림 오른쪽처럼 $a = e$, $b = d$로 두면, 다음 페이지 상단의 오른쪽 그림과 같이 평면을 채울 수 있다.

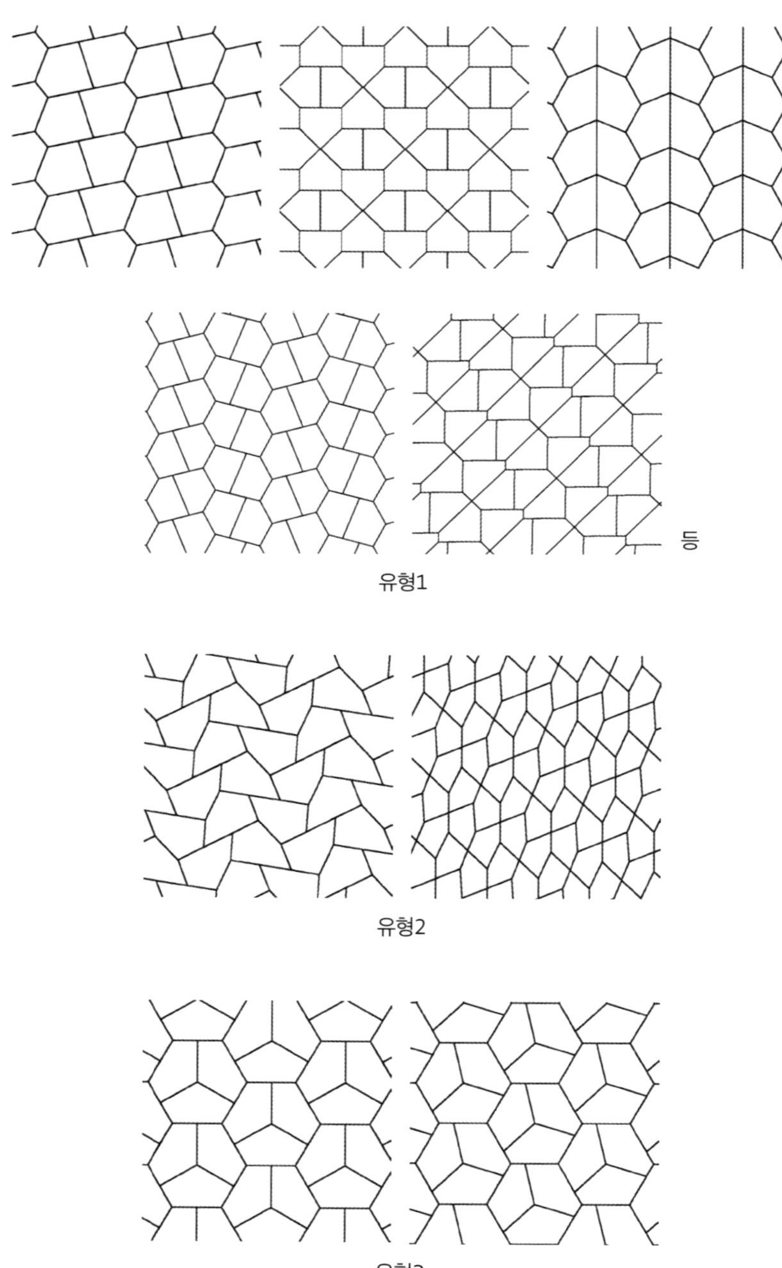

유형1

유형2

유형3

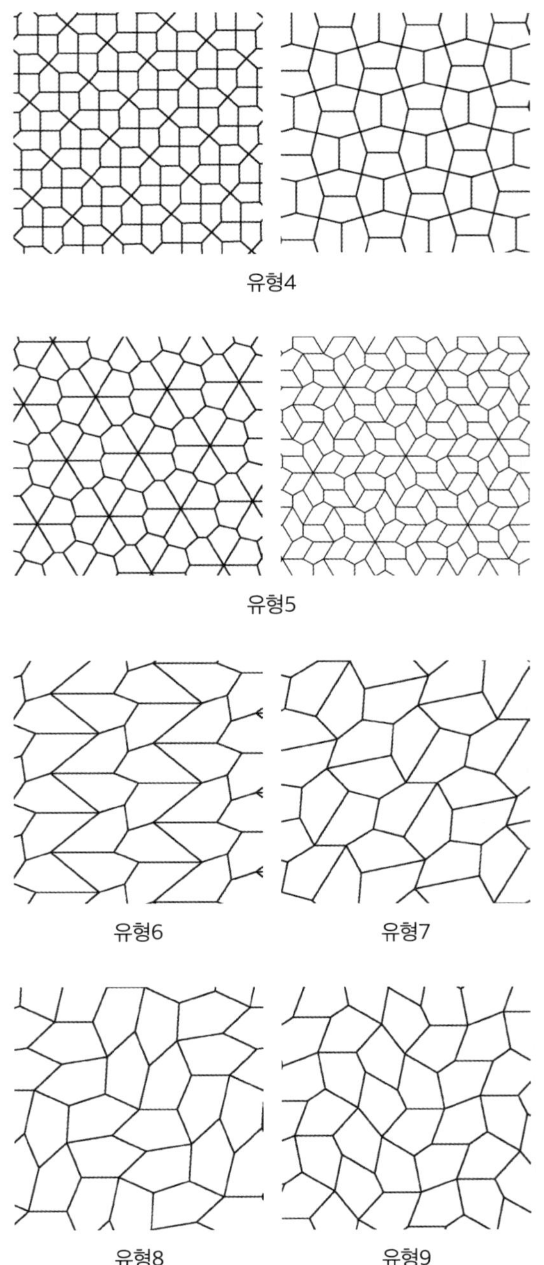

유형4

유형5

유형6   유형7

유형8   유형9

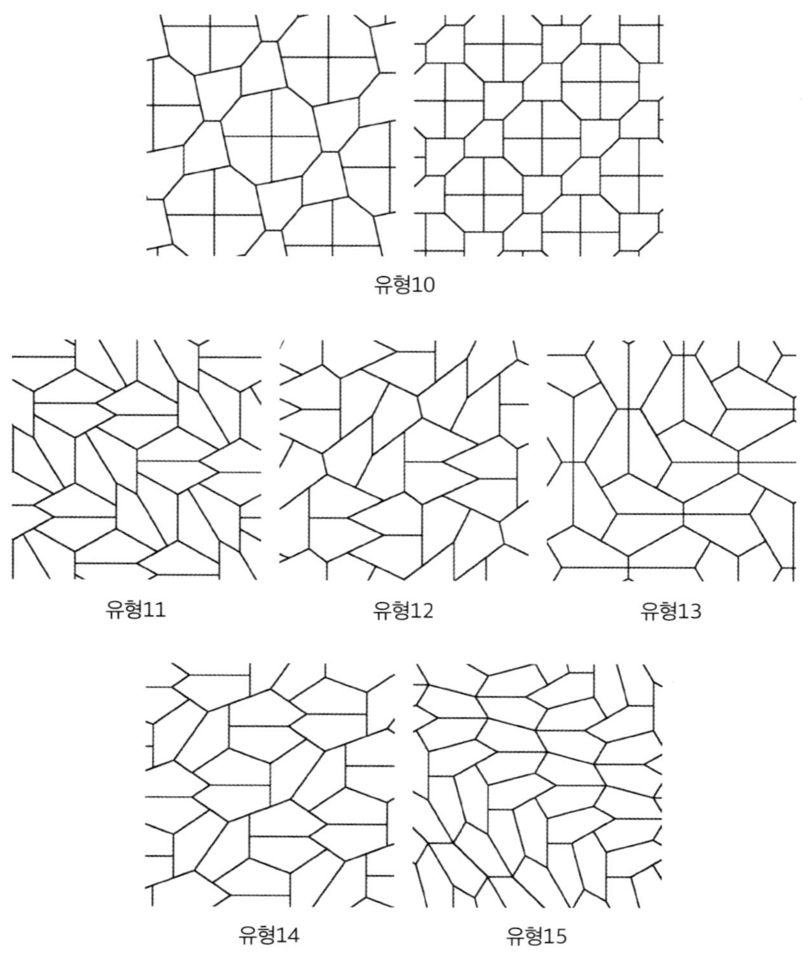

유형10

유형11　　　　　유형12　　　　　유형13

유형14　　　　　유형15

　한 유형에 대해 평면 채우기 방법이 꼭 한 가지만 있는 것은 아니다. 정육 각형을 둘로 나눈 오각형 역시 이 분류에 포함된다.

　최근에는 이 15가지 유형이 오각형 평면 채우기의 전부라는 주장이 제 기되기도 했다.

11.7 주기성이 없는 평면 채우기

앞 절까지 다룬 평면 채우기에서는, 도형을 평행이동하면 원래 있던 모양과 정확히 겹쳤다.

예를 들어, 225쪽에서 본 정사각형 평면 채우기의 경우 변의 길이만큼 가로나 세로로 이동시키면 처음에 있던 모양과 완전히 포개졌다. 앞에서 살펴본 오각형 역시 평행이동을 했을 때 똑같이 겹쳤다. 즉, 이러한 평면 채우기는 '주기성'을 가진다고 할 수 있다.

그런데 2020년 노벨 물리학상을 받은 로저 펜로즈(1931~)는 두 종류의 마름모 평면을 채울 때, 어떻게 배열하든 주기성이 없이 채울 수 있다는 사실을 발견했다. 이것이 바로 그 유명한 '펜로즈 타일'이다.

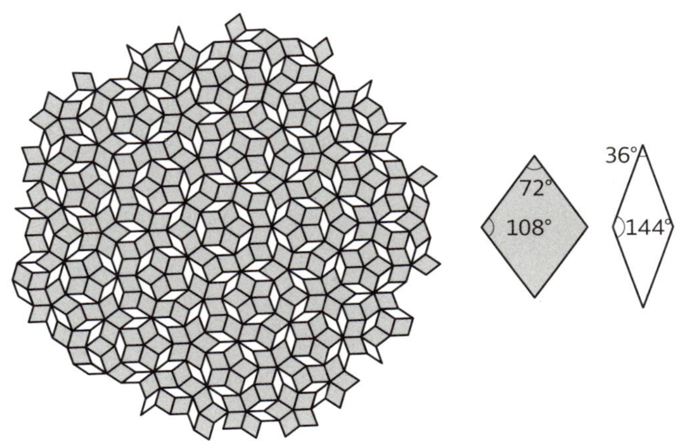

언뜻 보면 주기성이 있어 보이지만, 어떻게 평행이동을 해도 완벽하게 겹치지 않는 신비로운 무늬이다.

아인슈타인 문제

이에 대해, 한때 '아인슈타인 문제'라 불리는 미해결 문제가 있었다. 독일어로 'ein stein'이 '타일 한 장'을 뜻하는 데서 이름이 유래했다. 그 명제는 최근까지 오랫동안 풀리지 않았다.

> 주기성이 있는 평면 채우기가 불가능한 도형은 존재할까?

2023년 5월, 'Spectre'라 불리는 14각형 도형을 사용하면, 뒤집지 않고 어떻게 배열을 하더라도 주기성이 생기지 않는다는 사실이 발견되어 수십 년간 풀리지 못했던 문제가 마침내 해결된 것으로 보인다.

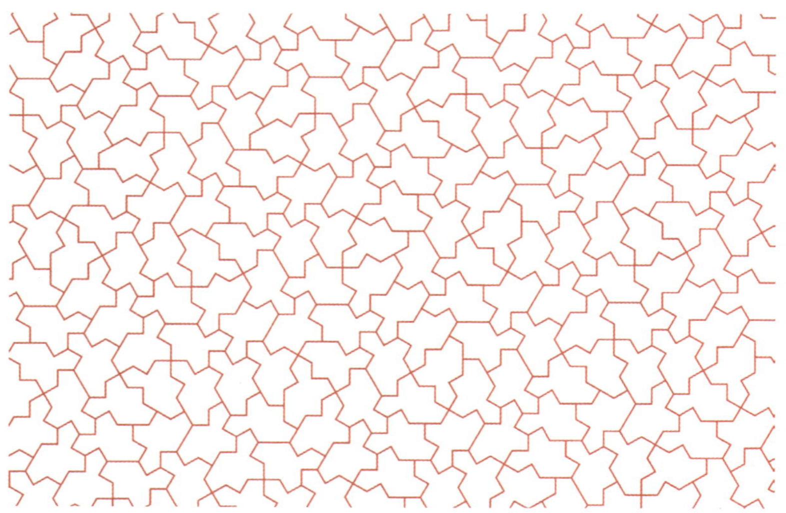

⚠ **평면을 채우는 수학도 나날이 발전하고 있다.**

▶ 엑셀 프로그램으로 '순환마디의 길이' 구하기

분자가 1인 분수에 대해 엑셀을 이용해 순환마디의 길이를 구해보자.

$\frac{1}{7}$의 순환마디 길이는 6이다. '나머지'에 주목하면, 그 길이가 6임을 알 수

있다.

114쪽의 계산 과정을 다시 보면 다음과 같다.

1÷7 = 0 나머지 1, 10÷7 =1 나머지 3,

100÷7 =14 나머지 2, 1000÷7 =142 나머지 6,

10000÷7 =1428 나머지 4, 100000÷7 =14285 나머지 5,

1000000÷7 =142857 나머지 1

즉, 101, 102, 103, 104, 105, 106을 7로 나누었을 때, 처음으로 나머지가 1
이 되는 수가 106이므로 순환마디의 길이는 6이다.

다른 관점에서 보면 다음과 같이 생각할 수도 있다.

1÷7 = 0 나머지 1, 10÷7 =1 나머지 3, 30÷7 =4 나머지 2, 20÷7 =2 나머지 6,
60÷7 =8 나머지 4, 40÷7 =5 나머지 5, 50÷7 =7 나머지 1

즉, 나머지에 10을 곱하고 7로 나눈 후, 그 나머지에 다시 10을 곱하고 7로
나누는 과정을 1이 나올 때까지 반복한다.

이 관점으로 보면 숫자가 커지지 않기 때문에 엑셀로 계산하기 쉽다.

이제 실제로 엑셀을 사용해 구해보자.

엑셀에는 나머지를 구하는 함수가 있으며, 'MOD(수치, 나누는 수)'를 넣으면 주어진 수를 나눈 나머지 값이 출력된다. 예를 들어, '=MOD(14, 3)'을 입력하면 14÷3의 나머지인 2가 출력된다.

이제 $\frac{1}{7}$의 순환마디를 구해보자. 1행에는 길이를 입력하고, 2행에는 나머지를 순서대로 출력한다. A2에 분모를 넣고, 아래 표와 같이 B2, C2, D2, E2를 입력한다.

	A	B	C	D	E
1		1	2	3	4
2	7	=MOD(10,7)	=MOD(B2*10,7)	=MOD(C2*10,7)	=MOD(D2*10,7)

	A	B	C	D	E
1		1	2	3	4
2	7	3	2	6	4

위의 값이 표시된다. 이 셀을 가로로 자동 채우기를 하면, MOD 함수에 있는 알파벳이 자동으로 연동되어 계산된다.

	A	B	C	D	E	F	G	H	I
1		1	2	3	4	5	6	7	8
2	7	3	2	6	4	5	1	3	2

6 밑에 1이 나타났으므로, 순환마디의 길이는 6이라는 사실을 알 수 있다.

엑셀로 153쪽에서 다루었던 카프리카 조작을 계산하는 방법 중 하나를 소개한다.

네 자릿수 중에 조작을 시작할 수를 A2 셀에 입력하고, 다음과 같이 표시되도록 만들어보자.

	A	B	C	D	E	F	G	H	I	J	K	L
1		천의 자리	백의 자리	십의 자리	일의 자리	가장 크다	2번째	3번째	4번째	큰 순서	작은 순서	차
2	5332	5	3	3	2	5	3	3	2	5332	2335	2997
3	2997	2	9	9	7	9	9	7	2	9972	2799	7173
4	7173	7	1	7	3	7	7	3	1	7731	1377	6354
5	6354	6	3	5	4	6	5	4	3	6543	3456	3087
6	3087	3	0	8	7	8	7	3	0	8730	378	8352
7	8352	8	3	5	2	8	5	3	2	8532	2358	6174
8	6174	6	1	7	4	7	6	4	1	7641	1467	6174

주어진 수의 각 자릿수를 하나씩 살펴보자.

천의 자리 숫자는 주어진 수에서 주어진 수를 1000으로 나눈 나머지를 빼고, 그 값을 1000으로 나누면 된다. 백의 자리 숫자는, 주어진 수를 1000으로 나눈 나머지에서 100으로 나눈 나머지를 빼고, 그 값을 100으로 나누면 된다.

십의 자리 숫자는 주어진 수를 100으로 나눈 나머지에서 10으로 나눈 나머지를 빼고, 그 값을 10으로 나누면 된다. 일의 자리 숫자는 10으로 나눈 나머지를 사용하면 된다.

	B	C
1	천의 자리	백의 자리
2	=(A2-MOD(A2,1000))/1000	=(MOD(A2,1000)-MOD(A2,100))/100
	D	E
1	십의 자리	일의 자리
2	=(MOD(A2,100)-MOD(A2,10))/10	=MOD(A2,10)

다음으로, 이 4개의 숫자를 큰 순서대로 구하는 함수인 'LARGE 함수'를 사용한다. LARGE(범위, 순위)를 입력하면, 지정한 범위 안에서 해당 순위의 수가 표시된다.

	F	G	H	I
1	1번째로 큰 수	2번째로 큰 수	3번째로 큰 수	4번째로 큰 수
2	=LARGE(B2:E2,1)	=LARGE(B2:E2,2)	=LARGE(B2:E2,3)	=LARGE(B2:E2,4)

이제 이 값을 바탕으로, 큰 순서의 수와 작은 순서의 수를 만들어보자.

큰 순서의 수는 1000×(가장 큰 수)+100×(두 번째로 큰 수)+10×(세 번째로 큰 수)+(네 번째로 큰 수)

작은 순서의 수는 1000×(네 번째로 큰 수)+100×(세 번째로 큰 수)+10×(두 번째로 큰 수)+(가장 큰 수)

	J	K	L
1	큰 순서	작은 순서	차
2	=F2*1000+G2*100+H2*10+I2	=I2*1000+H2*100+G2*10+F2	=J2-K2

차의 수에 같은 조작을 반복하므로 A3 셀에는 L2의 값을 넣고, 나머지 열은 자동 채우기를 하면 된다.

엑셀에는 'IF'라는 조건 함수가 준비되어 있다. 이를 이용하면, 159쪽에서 소개한 콜라츠 추측을 매우 손쉽게 계산할 수 있다.

구하고자 하는 수를 A1 셀에 입력하고, A2, A3, A4, …와 같이 계속해서 콜라츠 계산을 하도록 만든다. A2 셀에는 A1이 짝수이면 2로 나누고, 홀수이면 3을 곱한 뒤 1을 더하는 식을 넣고 싶다.

짝수인지 판별하는 방법은 2로 나눈 나머지가 0인지 0이 아닌지로 보면 되기 때문에, 'MOD(A1, 2) = 0'이라는 식으로 판정할 수 있다.

MOD는 나머지를 구하는 계산으로, 'MOD(A1, 2)'를 입력하면 A1의 값을 2로 나눈 나머지를 구할 수 있다. 짝수일 때는 2로 나누므로 'A1/2', 홀수일 때는 3을 곱한 뒤 1을 더하기 때문에 'A1*3+1'을 입력하면 된다.

따라서 A2 셀에는 '=IF(MOD(A1, 2) = 0, A1/2, A1*3+1)'을 입력하면, 짝수일 때는 2를 곱하고 홀수일 때는 3을 곱한 뒤 1을 더하는 계산이 된다.

이 셀을 자동으로 채우면, A3에서는 식의 A1 부분이 A2로 바뀌어, 한 줄 위의 값을 이용해 순차적으로 계산하게 된다. A1의 값을 바꾸면, A2 이후의 셀 값도 자동으로 다시 계산된다.

	A
1	5
2	=IF(MOD(A1,2)=0,A1/2,A1*3+1)
3	=IF(MOD(A2,2)=0,A2/2,A2*3+1)
4	=IF(MOD(A3,2)=0,A3/2,A3*3+1)
5	=IF(MOD(A4,2)=0,A4/2,A4*3+1)
6	=IF(MOD(A5,2)=0,A5/2,A5*3+1)

입력 화면

	A
1	5
2	16
3	8
4	4
5	2
6	1

출력 화면

홀수일 때의 '얼마를 곱할까'와 '얼마를 더할까' 부분을 간단히 바꿀 수 있도록 해보자. '얼마를 곱할까'를 B1, '얼마를 더할까'를 C1 셀에 입력하기로 한다.

그렇다면 A2의 수식을 '=IF(MOD(A1, 2)=0, A1/2, A1*B1+C1)'로 바꾸면 된다. 하지만 이 상태에서 자동 채우기를 하면 B1은 B2로, C1은 C2로 바뀌어 버린다. B1과 C1의 1을 고정하기 위해, 1 앞에 각각 $를 붙인다. 이제 A2 셀을 아래로 자동으로 채워주면, 다음과 같이 입력된다.

	A	B	C
1	5	3	1
2	=IF(MOD(A1,2)=0,A1/2,A1*B$1+C$1)		
3	=IF(MOD(A2,2)=0,A2/2,A2*B$1+C$1)		
4	=IF(MOD(A3,2)=0,A3/2,A3*B$1+C$1)		
5	=IF(MOD(A4,2)=0,A4/2,A4*B$1+C$1)		
6	=IF(MOD(A5,2)=0,A5/2,A5*B$1+C$1)		

이렇게 해서 '얼마를 곱할까'나 '얼마를 더할까'를 바꾸면서 쉽게 탐구해볼 수 있다.

참 고 문 헌

● 츠보타 코조, 『츠보타 코조의 자르고 붙이는 수학력(坪田耕三の切ってはって算数力)』(2016), 교육출판

교재 제작의 거장인 츠보타 코조 선생의 저서로, 구구단이나 전개도 같은 주제가 수록되어 있다. 해설 DVD 포함.

● 곤노 노리오, 『수는 신기하다(数はふしぎ)』(2018), SB크리에이티브

다양한 수의 개념이 쉽게 소개되어 있다. 특히 순수 소수가 인상 깊었다. (한국어판 제목: 『숫자로 배우는 초보 수학』(2022), 북스힐)

● 세리자와 쇼조, 『소수 입문(素数入門)』(2002), 고단샤 블루백스

합동식이나 페르마의 소정리 등, 이 책에서는 다루지 못했던 심화 내용을 알 수 있다.

● 비키 닐, 『Closing the Gap: The Quest to Understand Prime Numbers(간극을 좁히다: 소수를 이해하기 위한 탐구)』(2017), Oxford University Press

최근 쌍둥이 소수 연구의 흐름이 알기 쉽게 설명되어 있다.

● 가토 후미하루·나카이 야스유키, 『하늘로 이어지는 수(天に向かって続く数)』(2016), 일본평론사

제곱했을 때 마지막 자릿수가 변하지 않는 수는 이 책을 참고했다. 구체적인 수에서 초등 정수론을 자연스럽게 이끌어내 매우 재미있다.

● 이치마쓰 신, 『정수와 놀자(整数とあそぼう)』(2006), 일본평론사

제곱수의 대칭성은 이 책에서 알게 되었다. 수와 관련된 구체적이고 재미있는 이야기들이 가득하다.

● B. 시에르핀스키, 『Pythagorean Triangles(피타고라스의 삼각형)』(1954), Państwowe Wydawnictwo Naukowe

피타고라스 수뿐 아니라, 둘레나 넓이가 같은 직각삼각형에 대해서도 언급되어 있다.

● 사이라이지 후미오·시미즈 겐이치, 『소수는 돌고 돈다(素数はめぐる)』(2017), 고단샤 블루백스

분수의 소수 전개에 대해 매우 자세하고 흥미롭게 소개되어 있다.

● 한스 라데마허·오토 퇴플리츠, 『Von Zahlen und Figuren(수와 도형)』(1930), Springer

100년 가까이 된 책이지만, 피타고라스 수나 분수의 소수 전개 등 친숙하고 흥미로운 주제를 다뤘다.

● 가타야마 고지, 『수학 특별한 12가지 이야기(数学とっておきの12話)』(2002), 이와나미 주니어 신서

카프리카 수나 콜라츠 추측 등의 주제를 다루고 있다. (한국어판 제목: 『중·고생을 위한 수학 교과서 119』(2004), 파라북스)

● 미야자키 고지, 『다면체 백과(多面体百科)』(2016), 마루젠출판

그림이 매우 풍부하고 재미있다. 디자인에 관심 있는 사람에게도 추천할 만하다. 이 책을 참고해 실제로 다면체를 만들어보는 것도 좋다.

● 도야마 케이, 『3차원의 세계: 입체 기하(3次元の世界 : 立体幾何)』(2013), 일본도서센터

오일러의 다면체 공식이나 데카르트의 정리, 반정다면체 등에 대해 서술되어 있다.

● 피터 크롬웰, 『Polyhedra(다면체)』(1997), Cambridge University Press

다면체에 대해 역사적 배경부터 수학적 이론에 이르기까지 폭넓게 정리한 본격적인 수학서이다.

● 에릭 드메인·조셉 오루크, 『Geometric Folding Algorithms(기하학적 종이접기 알고리즘)』(2007), Cambridge University Press

본격적인 수학서이다. 그림도 많고, 중학생도 이해할 수 있는 전개도 등 미해결 문제들을 풍부하게 실었다. 조셉 오루크의 『How to Fold It』(2011, Cambridge University Press)에는 이 책의 내용이 간략하게 정리되어 있다.

● 오자키 케이코, 『즐거운 테마리 놀이: 기초부터 시작하기(楽しいてまり遊び : 基礎からはじめる)』(2003), 마코사

저자는 테마리 교수에게 직접 제작법을 전수받았는데, 테마리 만들기는 많은 시간이 필요한 데다가 대칭성을 유지하기 위해 세심한 노력이 필요하다. 이 책은 테마리 제작의 기초를 알기 쉽게 설명했다.

● 아키야마 진, 『지성으로 엮어내는 수학의 아름다움(知性の織りなす数学美)』(2004), 주오코론신서

변 이외의 부분을 잘라 전개도를 만드는 발상은 이 책에서 알게 되었다. 그 밖에도 아키야마 선생의 수학 만들기를 알 수 있다. (한국어판 제목: 『지성으로 엮어내는 수학의 아름다움』(2019), 보성각)

● 엘리 마오·오이겐 요스트, 『Pentagons and Pentagrams(오각형과 오망성)』(2022), Princeton University Press

오각형 타일 붙이기를 역사적으로도 다뤘으며, 평면뿐 아니라 쌍곡면상의 구조에 대해서도 언급했다.

이 책을 선택하고 읽어주셔서 감사합니다.

일반적으로 수학이라고 하면 대부분 '학교 수학'을 떠올리고, 주어진 문제만 푸는 학문으로 여길 겁니다.

게다가 문제가 나오면 반드시 해답이 존재한다고 생각하는 사람도 많겠지요. 예전에 한 친구에게 "나는 수학을 연구하고 있어"라고 말했더니, 그 친구는 "수학에 앞으로 풀어낼 문제가 있어?"라고 되묻더군요.

이제는 어려운 문제를 얼마나 풀 수 있는가를 겨루는 시대에서 벗어나, 자유로운 발상으로 수학을 탐구하고 열이면 열, 자신만의 방식으로 수학을 표현할 수 있는 시대로 변화하길 바랍니다. 수학의 탐구에는 여러 형태가 있습니다. 수학 자체를 새롭게 만들어가는 것도 있고, 일상생활을 '수학적인 시선'으로 바라보는 것도 있으며, 또 수학을 활용해 무언가를 디자인하는 것도 있습니다.

이러한 관점이 있기 때문에 이 책에서는 '소수의 날', 테마리, 장난감, 평면 채우기 문제 등을 다루었습니다.

전국의 SSH 학교(슈퍼 사이언스 하이스쿨)에 다니는 고등학생들의 발표 내용을 보면, 최근에는 미해결 문제에 흥미를 갖고, 각자 독창적인 탐구를 하는 사례가 많습니다. 저 자신도 '이렇게 이해하기 쉬운 문제를 아직 못 풀었다고?' 하며 놀랐던 기억 때문에 수학의 길을 걷게 되었습니다.

실제로 널리 알려진 미해결 문제를 풀기란 매우 어려워서 쉽게 해결하지 못하는 것들이긴 하지만, '왜 못 풀까?', '어떻게 하면 실마리를 잡을 수 있을까?'를 고민하는 것만으로도 수학의 즐거움을 충분히 느낄 수 있습니다.

그리고 수나 도형에 관한 미해결 문제들을 조사하다 보면, 중학교 수준의 수학 지식만으로도 내용을 충분히 이해할 수 있으며, 중학교에서 배우는 요소들과 깊은 관련이 있는 경우가 상당히 많다는 사실을 알게 됩니다. 저 역시 이 책을 집필하면서, 이미 알려진 미해결 문제들을 다시 탐구하는 즐거움을 느꼈습니다.

예를 들어, '숫자를 거꾸로 뒤집어 더하면 회문수가 된다'는 추측은 엑셀 프로그램으로 계산하던 중에 문득 알아챈 아이디어였습니다.

이 책은 중학교 수학 지식만으로도 충분히 즐길 수 있도록 신중하게 집필했습니다. 이 책을 통해 중학교에서 배우는 수학의 지식이 얼마나 소중하고 풍요로운지, 그 깊이를 직접 느껴보셨으면 좋겠습니다.

이 책의 제목은 고단샤 편집진 여러분께서 붙여주셨습니다. '수학 센스'라고 하니 마치 제가 센스가 있는 사람이라도 되는 양 말하는 것 같아 약간 부끄럽기도 하지만, 이 책의 취지를 비추어 보고 이 표현을 선택해주신 점을 영광스럽게 생각합니다.

수학적 탐구 방법을 다룬 흥미로운 서적으로는, 조지 폴리아(포여 죄르지)의 『어떻게 문제를 풀 것인가』(2008, 교우사)나 『수학적 발견 1·2』(2005, 교우사), 스테판 브라운과 마리온 월터의 『문제제기의 기술』(2012, 경문사) 등이 있습니다.

저는 이런 양서들처럼 제한된 지식만 가지고도 읽을 수 있는 책을 집필하고 싶다는 마음을 오랫동안 품고 있었습니다.

이 책을 통해 독자 여러분이 수학을 탐구하는 방법을 조금이나마 익히고, 수학을 한층 더 즐길 수 있길 바랍니다.

마지막으로, 제 오랜 꿈이었던 블루백스(고단샤의 교양과학서 시리즈-옮긴이)의 집필을 현실로 만들어 책을 아름답고 매력적으로 완성시켜주신 구라타 다카시 님을 비롯한 고단샤의 모든 분들께 깊은 감사를 드립니다.

2024년 1월 좋은 날에

하나키 료

찾아보기

ㄱ

거듭제곱　67
격자점　103
곱셈의 교환법칙　17
공배수　24
공약수　24
구구단 표　16
구구단 표의 '단'　18
구면체　192
그린-타오 정리　55
기약 피타고라스 수　93
깎은 정사면체　181
깎은 정십이면체　181
깎은 정육면체　181
깎은 정이십면체　181, 218
깎은 정팔면체　181
끝자리 수　70, 78, 84

ㄴ

나누는 수의 소인수　119
나누어지는 수의 소인수　119
나머지의 열　137
네제곱수　82
네제곱수의 합　107
네제곱수 정리　105
노암 엘키스　107

ㄷ

다각형의 평면 채우기　220
다면체　167
다면체의 개수　190
다면체의 전개도　202
다섯제곱수　85
단순 n등분　210
단위원　96
대칭성　17
더 좋은 방법　27
더하는 과정 반복하기　146
데이비드 폰 데라우　237
데카르트의 정리　200
델타 다면체　171
도형의 성질　168
뒤집어 더하기　146
뒤집어 빼기　150
등차수열　54
디리클레 정리　50

ㄹ

레온하르트 오일러　107, 195
레퓨닛 수　59
로저 펜로즈　241
로타르 콜라츠　159
롤프 슈타인　237
루이스 모델　105
르네 데카르트　200

리처드 제임스   237
리처드 커슈너   236

ㅁ

마름모 입체도형   170
마조리 라이스   237
미디의 정리   118

ㅂ

바로 순환하는 분수   122
바로 순환하지 않는 분수   122
반정다면체   180
배수를 지우는 소수   42
벤 그린   55
변형 십이면체   185
변형 정육면체   185
볼록 다면체   173, 190
부족도   199
분수   109
빼는 과정 반복하기   149

ㅅ

사각형으로 채우기   222
사면체   191, 196, 216
사방이십·십이면체   183
사방입방팔면체   183
사방절정이십·십이면체   184
사방절정입방팔면체   184
삼각형으로 채우기   220

선대칭   17
세제곱수   77
세제곱수의 합   105
소수(素數)   32
소수(小數)   109
소수를 판별하는 기준이 되는
   수   42
소수의 간격   52
소수의 날   62
소수표   35
소인수   35, 42
소인수분해   33, 109
소인수분해의 일의성   33
손가락 접기 계산   24
수소   58
수형도   155
순수 소수   61
순환마디   109
순환마디의 길이   110, 132, 243
순환소수   109
숫자를 그림으로 나타내기   21
스리니바사 라마누잔   100
스타니스와프 울람   48
십면체   192
십이면체   192
십일면체   192
쌍대   173
쌍둥이 소수   56
쌍둥이 소수 추측   57

ㅇ

아드리앵 마리 르장드르　103

아르키메데스의 입체도형　178

아인슈타인 문제　242

앤드류 와일즈　97

야콥 페렐만　74

약분된 분수　121

에라토스테네스의 체　43

오각형으로 채우기　232

오면체　192, 196

오목다각형으로 채우기　231

오목사각형　224

오목이십각형　231

오목팔각형　231

오목한 부분이 없는 다면체　173, 191, 203

오목한 부분이 있는 다면체　204

오일러의 다면체 공식　194, 210, 215

오일러의 추론　107

오일러 함수　134

울람 나선　48

원주율　113, 114

유리수　95

유한소수　109, 118

육면체　192

이등변사다리꼴　223

이십·십이면체　182

일의 자리의 규칙성　19

입방팔면체　182, 217

ㅈ

자연수　33

자연수의 해　98

전개도　175, 202

정n각기둥　179

정다각형으로 채우기　227

정다면체　167

정반각기둥　180

정사각뿔　188

정사면체　167

정삼각기둥　179

정삼각형　171

정십이면체　167, 213, 215, 217

정오각기둥　179

정오각뿔　188

정육각기둥　179

정육면체　167, 175

정이십면체　167, 213, 215

정칠각기둥　179

정팔면체　167, 212

제곱 공식　69

제곱수　67, 77, 93

제곱수의 합　98

제니퍼 맥라우드 만　237

조제프 루이 라그랑주　104

존슨 입체도형　186

주기성이 없는 평면 채우기　241

주기성이 있는 평면 채우기   242

지수   28, 67

지오보드   103

지와리   209

진분수   110

ㅊ

처음으로 지워진 가장 작은 수   42

추측   69

칠면체   192

ㅋ

카를 라인하르트   232, 236

카프리카 수   76

카프리카 조작   153, 245

케이시 만   237

콜라츠 추측   159, 247

ㅌ

택시 수   100

테렌스 타오   55

테마리   208

ㅍ

팔면체   192

페렐만 수열   74

페르마의 마지막 정리   97

페르마-카탈란 추측   108

펜로즈 타일   241

평면 채우기 문제   220

플라톤   168

플라톤의 입체도형   168

피에르 드 페르마   97

피타고라스 수   93

피타고라스 정리   92

ㅎ

합   24

합성수   33, 52

허니콤 구조   226

회문 소수   58

회문수   58, 146

기타

emirp   58

LARGE 함수   246

n각형   191

n각형의 내각의 합   196, 225

n면체   191

n변형   191

Spectre   242

10등분 조합   209, 213

196 문제   148

8등분 조합   209, 211